U0287436

中国石油大学(北京)学术专著系列

穿层压裂力学理论与技术

侯 冰 金 衍 陈 勉 著

科 学 出 版 社

北 京

内 容 简 介

本书围绕非常规储层穿层压裂力学理论与技术,对非常规储层层状构造特征、非常规储层岩石力学行为、水力裂缝穿层扩展物理模拟、岩性界面特性对裂缝形态的影响、岩性渐变区穿层扩展机理、穿层压裂设计与优化等进行分门别类地介绍;详细阐述穿层压裂技术在非常规储层勘探与开发中的应用适应性及改造优势,为穿层压裂技术适用的非常规储层条件的优选、穿层压裂设计和方案设计提供理论、试验基础和应用实例。

本书对非常规储层穿层压裂力学理论与技术的介绍较全面,可供从事页岩油气、煤层气等非常规储层增产改造技术的科技人员及院校师生参考使用。

图书在版编目(CIP)数据

穿层压裂力学理论与技术 / 侯冰,金衍,陈勉著. —北京:科学出版社,
2025.1

中国石油大学(北京)学术专著系列

ISBN 978-7-03-073058-9

Ⅰ. ①穿… Ⅱ. ①侯… ②金… ③陈… Ⅲ. ①储集层-压裂-研究
Ⅳ. ①TE357.1

中国版本图书馆CIP数据核字(2022)第161518号

责任编辑:万群霞 / 责任校对:王萌萌
责任印制:师艳茹 / 封面设计:无极书装

科学出版社 出版
北京东黄城根北街 16 号
邮政编码:100717
http://www.sciencep.com

北京中科印刷有限公司印刷
科学出版社发行 各地新华书店经销
*
2025 年 1 月第 一 版 开本:720 × 1000 1/16
2025 年 1 月第一次印刷 印张:15 3/4
字数:308 000

定价:198.00 元
(如有印装质量问题,我社负责调换)

丛 书 序

科技立则民族立，科技强则国家强。党的十九届五中全会提出了坚持创新在我国现代化建设全局中的核心地位，把科技自立自强作为国家发展的战略支撑。高校作为国家创新体系的重要组成部分，是基础研究的主力军和重大科技突破的生力军，肩负着科技报国、科技强国的历史使命。

中国石油大学(北京)作为高水平行业领军研究型大学，自成立起就坚持把科技创新作为学校发展的不竭动力，把服务国家战略需求作为最高追求。无论是建校之初为国找油、向科学进军的壮志豪情，还是师生在一次次石油会战中献智献力、艰辛探索的不懈奋斗；无论是跋涉大漠、戈壁、荒原，还是走向海外，挺进深海、深地，学校科技工作的每一个足印，都彰显着"国之所需，校之所重"的价值追求，一批能源领域国家重大工程和国之重器上都有我校的贡献。

当前，世界正经历百年未有之大变局，新一轮科技革命和产业变革蓬勃兴起，"双碳"目标下我国经济社会发展全面绿色转型，能源行业正朝着清洁化、低碳化、智能化、电气化等方向发展升级。面对新的战略机遇，作为深耕能源领域的行业特色型高校，中国石油大学(北京)必须牢记"国之大者"，精准对接国家战略目标和任务。一方面要"强优"，坚定不移地开展石油天然气关键核心技术攻坚，立足油气、做强油气；另一方面要"拓新"，在学科交叉、人才培养和科技创新等方面巩固提升、深化改革、战略突破，全力打造能源领域重要人才中心和创新高地。

为弘扬科学精神，积淀学术财富，学校专门建立学术专著出版基金，出版了一批学术价值高、富有创新性和先进性的学术著作，充分展现了学校科技工作者在相关领域前沿科学研究中的成就和水平，彰显了学校服务国家重大战略的实绩与贡献，在学术传承、学术交流和学术传播上发挥了重要作用。

科技成果需要传承，科技事业需要赓续。在奋进能源领域特色鲜明、世界一流研究型大学的新征程中，我们谋划出版新一批学术专著，期待我校广大专家学者继续坚持"四个面向",坚决扛起保障国家能源资源安全、服务建设科技强国的时代使命,努力把科研成果写在祖国大地上,为国家实现高水平科技自立自强,端稳能源的"饭碗"做出更大贡献,奋力谱写科技报国新篇章!

中国石油大学(北京)校长

2024 年 3 月 1 日

序

我国非常规储层往往呈现纵向多岩性叠置、层间非均质性强的特征，导致缝高控制难度大、压后裂缝形态认识不清、支撑剂易嵌入等问题，给压裂工程带来诸多挑战。因此，亟须探索一种促进产层相互连通、提高储层泄流面积及资源利用率的有效改造方式，为非常规储层水力压裂现场施工提供穿层压裂理论与关键技术指导。

侯冰教授及其研究团队多年来一直从事非常规储层岩石力学、水力压裂的理论与应用研究，结合国家重点研发计划、国家科技重大专项、国家自然科学基金等研究课题，建立了层状储层压裂施工参数优化方法，提出了页岩油储层穿层压裂缝高预测方法，探索了多岩性薄互层水力裂缝缝间干扰机制。其相关研究成果曾先后在《石油勘探与开发》、《岩石力学与工程学报》、《石油学报》、*SPE Journal*、*International Journal of Rock Mechanics and Mining Sciences*、*Fuel* 等期刊上发表，研究成果曾获 2020 年中国石油和化工自动化应用协会科技进步奖，获得国内外学者的高度评价。

该书是一本系统介绍非常规储层穿层压裂理论与技术的书籍，系统描述了通过野外考察、室内试验、数值模拟等手段，分析非常规储层岩石力学行为特征，系统研究岩性界面、岩性渐变区等层状结构对水力裂缝穿层扩展的影响机制，明确了多岩性叠置储层穿层压裂裂缝扩展规律，揭示了立体开发密切割裂缝群竞争非均衡扩展的力学机理，建立了多岩性组合储层穿层压裂优化设计方法。

该书从理论分析着手，结合野外考察、多尺度室内试验，汇集多种数值模拟方法，全面涵盖了非常规储层穿层压裂过程中的难点、重点问题，在结构上做到了提纲挈领、逻辑清晰、环环相扣；语言精练流畅，通过理论与实践紧密结合，系统地提出了适应不同类型层状储层穿层压裂立体开发的现场施工工艺技术，为非常规油气储层的勘探与开发基础理论研究提供了全新的增产改造工程技术。相信该书的出版对探索和推动非常规储层水力裂缝扩展研究，以及指导现场施工具有重要意义！

吴奇

中国石油勘探与生产分公司

前　　言

近年来，新增储量中 60%以上的非常规油气属于多岩性组合的层状储层，主要包括层状页岩储层、煤系产层组地层及页岩油储层。此类非常规储层通常具有纵向多产层且厚度不均、层内与层间强非均质、弱结构面发育等地质特征，导致射孔优选难、压裂过程中缝高控制难、支撑剂易嵌入、压后单井产量递减速度快。穿层压裂技术是非常规储层"多层系、立体式"水平井钻完井技术的重要保障，掌握水力裂缝穿层扩展机制对提高储层压裂伤波及体积有重要意义。在此背景下，笔者及研究团队基于前期石油工程岩石力学、水力压裂方面的研究基础，建立了层状储层压裂施工参数优化方法，形成了适用于页岩油气、煤层气等层状叠合储层的水力裂缝垂向缝高预测技术，提出了层状地层立体开发、多段多簇、密切割等方法的效果评价体系。

穿层压裂自国内水力压裂技术大规模应用以来便成为热点问题，但是未见对相关研究成果的系统总结。在陈勉教授的指导下，本书总结了笔者团队近年来关于穿层压裂理论与关键技术的研究成果。全书共分为 7 章：第 1 章为绪论，概述了层状介质中水力裂缝穿层扩展的基础机理；第 2 章从非常规储层层状构造特征入手，重点分析了此类储层纵向上的构造差异；第 3 章以岩石力学行为特征为切入点，主要由岩石力学试验分析储层剖面的力学性质；第 4 章重点介绍层状储层裂缝穿层扩展物理模拟；在物理模拟的基础上，第 5 章进一步以数值模拟方法分析了岩性界面特性对裂缝形态的影响；第 6 章探讨了岩性渐变区对裂缝纵向扩展的影响；第 7 章着眼于工程需要，介绍了穿层扩展压裂设计及关键技术，结合密切割水力压裂的工程背景，分析了多裂缝竞争扩展过程。

笔者团队 2016 年申请了"十三五"国家科技重大专项"产层组非均质性表征及压裂裂缝穿层致裂机理研究"（No. 2016ZX05066），同时申请了国家自然科学基金面上项目"深部裂缝性储层大斜度井水力裂缝非平面扩展机理研究"（No. 51574260），在 2019 年获得了国家自然科学基金面上项目"含煤系产层组多气合采水力裂缝穿层致裂机理研究"（No. 51874328）的资助，在此感谢相关部门的大力支持和鼓励！还要真诚感谢实验室毕业生刘志远、谭鹏、常智、万里明、王燚钊、付世豪、武安安等同学在本书撰写过程中做出的贡献!

衷心希望拙作能给本领域同行带来有益的启发和参考!由于作者水平有限,书中不当之处在所难免,恳请专家、同行和广大读者批评指正。

作　者

2023 年 11 月

目　　录

第1章 绪　　论

近年来，随着页岩气、页岩油、煤层气等非常规资源的兴起，多岩性组合地层成为石油工程岩石力学的研究重点。与以往源储一体的常规油气藏相比，该地层具有明显的垂向非均质性，由此给水力压裂作业带来了新的挑战。例如页岩油储层，其目标层段往往为致密砂岩中夹薄层泥页岩，或厚层泥页岩夹薄层砂岩，该类地层中水力裂缝的延伸必然受到层间应力差、层间界面等垂向非均质性带来的阻碍。如何在此种挑战下尽可能提高压裂缝网复杂程度，实现人工泄流面积最大化，成为目前石油工程岩石力学领域亟待解决的关键问题。

本章从水力裂缝穿层扩展力学机理、水力压裂室内物理模拟试验、水力裂缝非平面扩展3个方面展开。首先从力学机理上对水力裂缝穿层扩展的研究现状进行了梳理；在此基础上，着重介绍水力裂缝穿层扩展的室内物理模拟试验研究进展；最后，从数值模拟方面叙述水力裂缝三维非平面扩展的研究现状。

1.1　水力裂缝穿层扩展力学机理

水力压裂技术在非常规储层开采中具有广泛的工业应用，裂缝扩展形态的控制是水力压裂技术的难点及重点，也是决定压裂作业成败的关键因素。20世纪80年代以前，国内外水力压裂的计算模型基本上以二维为主，其中以PK(Perkins-Kern)、PKN(Perkins-Kern-Nordgren)和KGD(Khristianovic-Geertsma-Deklerk)模型为典型代表。20世纪80年代以后，人们在基于储层是均匀、弹性介质的假设基础上提出了拟三维模型，目前提出的全三维扩展模型计算工作量大，计算结果精度高。裂缝在多层材料界面处的扩展行为表现出穿透、偏转后穿透、捕获、转向。层间物理性质差异、地应力差异及岩石力学差异对水力裂缝扩展有着显著影响。

Simonson等[1]基于线弹性断裂力学建立了分层介质的数学模型。van Eekelen[2]、Ahmed[3]、Fung等[4]通过理论分析认为层间应力差是影响缝高扩展的关键因素，储隔层间的模量差异对裂缝是否穿透界面的影响不大。Smith等[5]通过理论研究发现，层间模量差异对层状介质缝高无直接影响，可通过影响裂缝宽度和缝内流体压力间接影响裂缝的扩展。Biot等[6]通过理论分析将影响缝高延伸的因素归为储隔层剪切模量与裂缝表面能乘积的比值，若该比值大于1，则裂缝穿透界面，否则扩展受阻。由于该模型未考虑层间应力差及界面性质等因素的影响，因此与实际结果差异较大。Palmer和Carroll[7]基于椭圆形裂缝假设建立了三层上下对称的层状岩石水力压裂数学模型。陈治喜等[8]基于岩石力学理论建立了非对称层状介质的裂高扩展二维数学模型。

Zhao 等[9]基于线弹性断裂力学理论建立了水力裂缝垂向扩展的数学模型。Liu 和 Valko'[10]考虑地层特性(断裂韧性、地应力)和流体特性(缝内纵向不均匀液压、液体密度)的影响,建立了计算最大缝高的三维裂缝扩展模拟。Dimitry 和 Romain[11]建立了 T 形裂缝的二维数学模型,研究岩性胶结面对水力裂缝垂向延伸规律的影响,总结出裂缝穿透界面的判别条件及临界压力,并将模型推广至多层储层后发现,水力裂缝穿透岩层界面时存在明显的压力降,且当层间距较大时,压力曲线上压降波动明显,当层间距无限小时,压力波动不明显。Guo 等[12]建立了 T 形裂缝的压裂模型,并利用压降分析模型研究了水力裂缝的三维扩展形态。

Oyedokun 和 Schubert[13]采用能量守恒方法建立了多层各向异性层状介质的数学模型,并基于能量释放率、等效应变能及修正的 Kachanov 损伤理论提出了有效断裂韧性的概念。该方法可将非均匀多层介质简化为经典的三层介质,大大降低了模型复杂性,可显著降低计算时间且具有较高计算精度。Huang 和 Liu[14]建立了考虑流体纵向流动、流体滤失及层理影响的全三维模型,得到了水力裂缝穿透层理面的判别准则。

1.2　水力压裂室内物理模拟

Hanson 等[15]通过理论和室内试验两方面研究了界面特性对水力裂缝的垂向扩展的影响,理论分析发现,当界面良好胶结时,水力裂缝在界面处产生的动态材料响应可促进裂缝穿透界面;当界面可发生剪切滑移时,该动态效应可以忽略。试验研究发现,界面的摩擦系数越大,越有利于裂缝穿透;隔层中的预置裂缝可抑制穿透行为的发生。Labudovic[16]通过现场测试研究了泊松比对缝高扩展的影响,研究表明隔层的泊松比越高,越易阻碍水力裂缝进入隔层。Warpinski 等[17]、Teufel 和 Warpinski[18]通过室内试验研究表明,界面剪切强度及储隔层最小水平应力差是控制缝高扩展的关键参数。当层间应力差为 2~3MPa 时,足够阻挡水力裂缝在高度方向上的延伸。储隔层弹性模量差异本身不能决定裂缝是否穿透隔层,但模量差异产生的感生应力场差异可影响裂缝是否穿透界面,且低弹性模量产生感生压应力,高弹性模量产生感生拉应力。Warpinski 等[19]、Fisher 和 Warpinski[20]通过矿场试验也验证了这一结论,如图 1.1 所示。

Thiercelin 和 Lemanczyk[21]采用 PMMA 透明材料开展了真三轴物理模拟试验,研究了应力梯度对水力裂缝垂向扩展的影响,研究发现高应力梯度可以抑制缝高的扩展。Renshaw 和 Pollard[22]通过理论分析并结合物理模拟试验,研究了界面摩

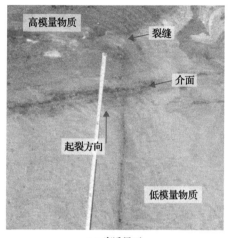

(a) 穿透界面　　　　　　　　　　　(b) 界面捕获裂缝

图 1.1　不同界面强度对缝高的影响

擦性质与地应力对无胶结的分层介质中裂缝穿层扩展的影响，并给出了界面摩擦系数与无因次地应力共同影响下裂缝穿透/滑移判别标准。李传华等[23]应用真三轴试验装置开展层状介质水力压裂模拟试验，研究了层间地应力差、层间断裂韧性差异、弹性模量差异及界面胶结强度对水力裂缝穿层扩展的影响。其研究结果与 Warpinski 等[17]的研究结论相似，认为储隔层弹性模量、断裂韧性等差异有一定的止裂作用，但仅根据该层间差异无法完全判定水力裂缝能否穿透界面，而储隔层间的最小水平应力差对水力裂缝穿层具有决定性的影响，且 4～6MPa 的应力差异足以阻止水力裂缝穿层。

Casas 等[24]采用高弹性模量、低渗透率的 Colton 砂岩开展物理模拟试验，研究不连续结构面对水力裂缝扩展的影响。研究结果表明，黏弹性界面极易捕获扩展的水力裂缝。Jeffrey 和 Bunger[25]采用 PMMA 透明材料开展了真三轴模拟试验，研究层间差异条件下层状地层水力裂缝扩展行为。试验结果表明，裂缝扩展高度约为储层高度的 1.7 倍，水力裂缝缝长约为储层高度的 3 倍。另外，采用三维数值方法模拟了物理模拟试验过程，得到的动态水力裂缝扩展形状、裂缝高度及注入压力与试验结果吻合良好。金衍等[26]通过在混凝土试样中预制高模量的岩性突变体研究水力裂缝扩展规律，研究表明，4MPa 的垂向应力差足以阻碍水力裂缝穿透突变体，混凝土与突变体间的模量差异、断裂韧性差异及缝内净压力对水力裂缝的扩展路径有重要影响。

Li 等[27]通过室内物理模拟试验并结合有限元模拟，简单分析了砂-煤交互层状储层压裂时地应力等因素对水力裂缝垂向扩展形态的影响。研究表明，砂岩层中的天然裂缝会影响水力裂缝的穿层效果，且煤岩层中的天然裂缝及割理系统会显著提高最终裂缝复杂程度。Xing 等[28]采用 PMMA 材料制作分层材料，综合研究了界面胶结强度、层间应力差、垂向应力差及缝内净压力对裂缝垂向扩展行为的影响。其研究得到了 4 种裂缝形态，包括限制缝、T 形缝、穿层缝及 T 形缝与穿层缝的组合体，并建立了多参数综合影响的控制图版。

1.3　水力裂缝非平面扩展

层状页岩及煤系产层组地层层理、天然裂缝系统发育，在层内、层间及界面均表现出强烈的非均质性[29-31]。大量研究表明[32-34]，受地应力状态、完井方式及岩石非均质性的综合影响，大多数水力裂缝并非呈平面型，而是一个存在于三维空间状态下的扭曲裂缝。

陈勉等[35]通过建立三维压裂模型模拟了实际储层非平面水力裂缝扩展过程，模型采用切比雪夫(Chebyshev)多项式的简化积分方程进行求解，克服了传统模型无法描述水力裂缝的弯曲及止裂等复杂过程。张广清等[36]忽略裂缝垂向尺寸及射孔完井方式影响，采用最大拉应力准则和拉格朗日极值方法分别建立了斜井和水平井近井筒附近水力裂缝空间转向模型，研究了地应力及注入压力条件下斜井/水平井近井筒三维裂缝延伸规律。程远方等[37]、郑小锦等[38]基于 SolidWorks 软件平台并结合二次开发，实现了对定向井近井筒附近三维扭曲裂缝形态可视化表征。

Olson[33]通过建立二维水力裂缝起裂及扩展模型，模拟了大斜度水平井压裂水力裂缝扩展过程。结果表明，近井筒附近水力裂缝往往呈非平面扩展，极大地限制了裂缝延伸能力，增加了缝内压力和砂堵风险。这与早期室内试验及矿场试验观察结果是一致的[34, 39]。Olson 和 Wu[40]采用三维位移不连续方法模拟水力裂缝在三层层状介质中的扩展行为，模型耦合非牛顿流体、卡特(Carter)滤失、三维裂缝非平面扩展等过程。研究表明，裂缝段间距与缝高比值是决定次序压裂水力裂缝形态的最关键参数，适当降低段间距可以促进裂缝扩展的复杂程度，但过低的段间距产生的阴影效应会扭曲裂缝路径。

Rungamornrat 等[41]开发新的计算程序实现了对非均质弹性介质中三维水力裂缝非平面扩展的模拟，采用伽辽金(Galerkin)边界元法计算岩石基质变形，采用伽辽金有限元法计算缝内流体流动，结果如图 1.2 所示。在此基础上，Castonguay 等[42]研究了均匀弹性介质中三维非平面多裂缝相互竞争扩展过程，并分析了孔眼摩阻、流体黏度等参数对多裂缝扩展的影响，结果如图 1.3 所示。Kumar 和 Ghassemi[43]采用三维位移不连续法研究了流固耦合条件下水平井三维非平面多裂缝竞争扩展过程，模型中岩石断裂采用线弹性断裂力学方法描述，缝内流体流动为牛顿流体。其结果表明，储层特性、地应力及裂缝间距对多裂缝扩展形态影响

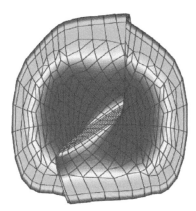

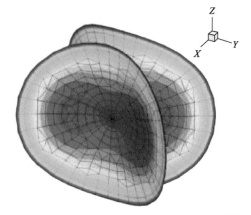

图 1.2　三维非平面水力裂缝扩展[41]　　　　图 1.3　三维非平面水力多裂缝相互竞争扩展[42]

非常显著，结果如图 1.4 所示。此外，Damjanac 和 Cundall[44]基于离散元方法建立了流固耦合条件下裂缝性地层压裂数值模型，研究了三维空间中多级水力裂缝竞争扩展及与离散裂缝网络的相互作用机制。模型中，岩石基质采用球形颗粒连接，用于描述完整岩石的变形或破坏；天然裂缝可发生剪切滑移或者张开等非线性破坏，结果如图 1.5 所示。

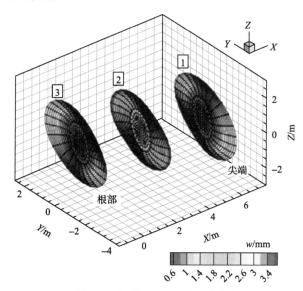

图 1.4　多裂缝缝尖应力干扰[43]

受天然层理、页岩节理和煤岩割理等裂缝系统影响，裂缝性储层水力裂缝在远井筒处的扩展模式往往呈现非平面扩展的复杂裂缝网络。压后裂缝形态取决于水力裂缝与天然裂缝交叉作用方式，为此，国内外学者先后提出了二维和三维穿透判别准则[45-50]，并设计了大量的室内模拟试验[51-55]。为模拟天然裂缝

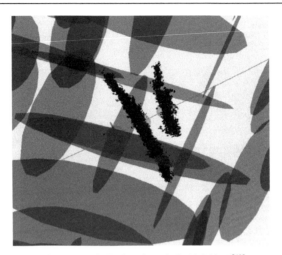

图 1.5　三维非平面多级水力裂缝扩展[43]

性储层, Fan 和 Zhang[56]、Liu 等[57]通过混凝土制备了含裂缝系统的物理模拟试样, Beugelsdijk 等[58]、Zhou 等[59]通过高温处理均质岩石, 制备了含随机裂缝的试验试件。Guo 等[60]、Wu 和 Olson[61]、Keshavarzi 等[62]、Chen 等[63]通过数值模拟了水力裂缝与天然裂缝的交叉作用行为。针对天然裂缝性煤岩储层, 程远方等[64]、范铁刚等[65, 66]、Jiang 等[67]、Ai 等[68]、Wu 等[69]、Li 等[70]采用煤岩露头开展物理模拟试验, 研究了割理影响条件下水力裂缝起裂及扩展的规律。Liu 等[71]通过混凝土包裹天然煤岩制作分层试样, 研究水力裂缝从煤岩层中的起裂形态及延伸规律。研究结果表明, 水力裂缝在煤岩层中裂缝形态复杂, 垂向扩展过程中极易沿混凝土与煤岩的界面扩展, 难以进入上下层中。Tan 等[72]模拟了煤岩定向井压裂水力裂缝起裂扩展过程, 研究了斜井扰动的应力场及割理系统双重耦合作用下的煤岩破裂及裂缝非平面延伸行为。

　　层状储层压裂水力裂缝在缝高上也可展现出非平面扩展行为。刘合等[73]基于数值散斑技术研究了层状砂泥岩相似材料中干裂缝的垂向拐折扩展行为, 界面为有限厚度的软石膏夹层。研究发现, 石膏层对裂缝垂向扩展形态具有显著影响, 软石膏层会产生剪切应变, 诱导产生 II 型剪切裂缝, 最终导致裂缝的偏移及错动。高杰等[74]通过改进的真三轴压裂装置研究了界面非胶结条件下层状岩石的裂缝扩展规律, 研究发现了水力裂缝在不同岩层内水力裂缝缝长的非协调扩展过程。李连崇等[75]基于有限元方法实现了对层状储层三维水力裂缝穿层及扭曲扩展的模拟。Settgast 等[76]采用有限单元和有限体积方法开展了全耦合三维水力压裂数值模拟, 模拟了水力裂缝纵向上穿透上下层间界面, 水平方向逐渐延伸并沟通天然裂缝, 在张性缝和剪切缝共同作用下形成了复杂的裂缝网络, 结果如图 1.6 所示。刘志远[77]基于孔隙弹性、横观各向同性假设并考虑温度场影响, 建立了砂泥互层

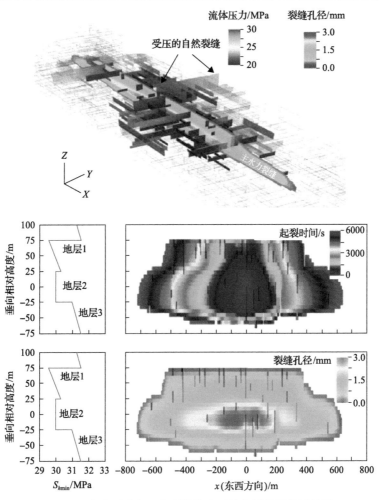

图 1.6 水力裂缝与天然裂缝的沟通及穿层扩展模拟结果

层状储层斜井水力裂缝起裂及转向模型,同时结合实际地层设计了不同井型、不同岩性分布条件下的压裂物理模拟试验,观察并分析了近井区域裂缝起裂和裂缝水平/垂直非平面转向扩展形态,给出了组合分层压裂的理论和试验判据,采用有限元数值方法对组合分层压裂进行模拟计算,并与微地震监测结果相结合,对其合理性和可行性进行验证。针对层状页岩储层的缝高扩展行为,侯冰等[78,79]、赵金洲等[80]、郭印同等[81]、Guo 等[82]、衡帅等[83]、Li 等[84-86]研究发现层理面对缝高延伸规律有重大影响。Tan 等[31]通过大量层状页岩物理模拟试验研究了地质及施工参数对裂缝扩展形态的影响,并总结得到了 4 种典型缝高裂缝形态,即单一横切缝、简单鱼骨刺状裂缝、沟通天然裂缝的鱼骨刺状裂缝、多侧向鱼骨刺状复杂缝网。刘星等[87]根据微地震监测三维数据体反演得到了页岩储层体积改造的缝网体形态。针对煤系产层组地层，刘星等[87]、孟尚志等[88]、高杰等[89]对露头岩石加工制取了物理模拟试件并开展室内真三轴压裂试验。Tan 等[30]开展了砂-煤及页-煤组合体露头的真三轴试验，初步掌握了层间胶结强度对水力裂缝穿层扩展的影响，并发现水力裂缝的垂向扩展行为呈现非对称延伸特征。

　　水力压裂技术作为一种成熟的工业方式，已经广泛用于非常规储层油气开采过程。由于储层岩石压裂水力裂缝扩展是一个全三维扩展过程，不仅要求在水平面内形成复杂缝网，也期望在纵向上充分延伸以沟通更多的产气层，获得最大的储层改造体积。目前，模拟大多聚焦于单一岩性或者各层均质层状储层中水力裂缝起裂及扩展过程，对于多层非均质储层、岩性渐变区及多簇压裂条件下水力裂缝起裂及扩展的研究较少。基于前期研究成果，第 2～7 章将分别针对以上问题进行系统的分析论述，旨在阐释非常规储层水力裂缝起裂及扩展机理，为形成非常规储层穿层压裂新技术提供理论依据与试验基础。

第 2 章　非常规储层层状构造特征

非常规油气类型包含页岩油、页岩气、煤层气、稠油、油砂、天然气水合物等。受圈闭不明显特征的影响，其中页岩油、页岩气、煤层气储层往往为沉积成因的多种岩性组合地层，也是具有垂直对称轴的横向各向同性(transverse isotropy with a vertical axis of symmetry，TIV)地层，具有明显的垂向非均质性。本章基于该类型地层的野外露头和井下岩心观察，同时结合地层测井曲线响应特征，分别对页岩油储层、页岩气储层、煤层气储层的层状构造特征进行详细阐述。

2.1　页岩油储层岩性渐变接触

页岩油是指蕴藏在富有机质页岩层系内，包括泥页岩孔隙和裂缝中及泥页岩层系中致密碳酸盐岩或碎屑岩等夹层中，一般具有超低孔隙度和渗透率的烃源岩层系中的石油资源，其开发需要使用水平井和压裂改造技术才能得以实现。中国陆相页岩油典型实例包括鄂尔多斯盆地三叠系延长组长 7 段、准噶尔盆地二叠系、渤海湾盆地沙河街组-孔店组、松辽盆地白垩系、三塘湖盆地二叠系、江汉盆地古近系、柴达木盆地第三系、土哈盆地侏罗系。其中，鄂尔多斯盆地三叠系延长组长 7 段、准噶尔盆地二叠系、松辽盆地白垩系、三塘湖盆地二叠系与渤海湾盆地沙河街组—孔店组和江汉盆地古近系盐间是近期和未来中国陆相页岩油最为重要的勘探开发领域。

沉积接触关系可分为渐变接触和突变接触两种。渐变接触关系代表连续沉积或基本连续沉积。突变接触关系代表存在沉积间断，最典型的代表是冲刷面，它包括各种类型的侵蚀面，如陆蚀面、海蚀面、沟蚀等；其次还有暴露面、古喀斯特面及海泛面等。代表连续沉积的渐变接触关系也可能存在着沉积间断，只是这种间断可以忽略不计，如海相页岩似乎是连续沉积，但页岩包绕的同生磷质结核却证明了包绕结核的上下页岩之间存在沉积间断。由此可见，连续沉积与沉积间断只是相对的，突变接触关系与渐变接触关系也只是相对的。

陆相盆地沉积具有多物源、物源近、相带窄、相变快等特点。陆相盆地沉积体系的空间配置取决于冲积体系(包括冲积扇、河流、三角洲、扇三角洲)与湖泊体系不同比例的组合，直接受控于冲积体系的进积、加积和退积演化的全过程；另外，陆相沉积对气候和地形的变化十分敏锐，在不同气候、地形和外力条件下有不同类型的沉积，主要有残积、坡积、洪积、冲积和沼泽沉积等。陆相盆地沉积受多种因素控制，不同类型盆地的主控因素又不尽相同，造就了陆相盆地沉积类型多、相变快、横向连续性差、纵向上层序厚度变化大、韵律快等特征。按照沉积规律，不同岩性组合层状岩石的岩性转变存在一定厚度，将该具有一定厚度的岩层称为岩性渐变区或岩性过渡区。过渡区岩性可为单一岩性，也可呈梯度变化。

按照沉积规律，不同岩性组合层状岩石的岩性转变存在一定的厚度，本研究将该具有一定厚度的岩层称为过渡区（或过渡层），过渡区岩性可为单一岩性，也可呈梯度变化。如图 2.1 所示，图 2.1(a) 中层状砂泥岩储层的砂岩与泥岩间存在砂泥混合的过渡区，图 2.1(b) 中层状页岩储层中含有软泥岩夹层过渡区。由于过渡区岩性的变化导致应力场复杂，因此水力裂缝缝高及缝宽出现非协调性增长。

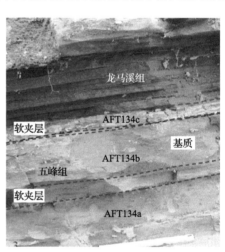

(a) 层状砂泥岩露头　　　　　　　　　(b) 层状页岩露头

图 2.1　层状岩石露头剖面

2.2　页岩气储层多岩性层状结构

深层页岩气通常是指储层埋深大于 3500m 的页岩气。深层页岩压裂改造过程中存在严峻挑战。随着深度的增加，页岩储层的地质特征及其对压裂的影响发生了显著变化，主要体现在：①地层在成岩阶段受强烈的挤压作用，导致层理、节理异常发育且胶结强度弱；②温度、围压升高，岩石塑性特征增强，裂缝延伸难度增加；③储层应力增加，岩石压实程度高，导致基质强度高；④闭合应力高，导致缝宽降低且加砂困难。

2.3　含煤岩系储层地质构造特征

　　针对水力裂缝在多岩性组合层状储层中的纵向延伸，国内外学者进行了大量研究。受层间岩石性质、地应力、界面性质及施工参数的影响，水力裂缝展现出不同的形态。Liu 等[90]研究了分层介质中不同井斜角、井眼方位角、射孔参数对水力裂缝起裂及扩展的影响规律。Xing 等[28]综合研究了界面胶结强度、层间应力差、垂向应力差及缝内净压力对裂缝垂向扩展行为的影响，建立了多参数综合影响的控制图版。Bahorich 等[55]指出水力裂缝遇到煤层中的节理后，可能会产生"拆离"作用，导致复杂裂缝或限制裂缝的生长。Fan 等[65]研究了煤岩割理对裂缝扩展的影响，得到了 3 种水力裂缝起裂及扩展模式。de Pater 和 Beugelsdijk[91]采用试验方法综合考虑了排量和压裂液的黏度，预测天然裂缝张开的可能性。Tan 等[30]研究了煤系地层水力裂缝从煤岩顶底板起裂及穿层扩展的规律，初步掌握了层间胶结强度对水力裂缝穿层扩展影响，并发现水力裂缝垂向非对称延伸特征。

　　煤系页岩储层在层内与层间非均质特征显著(图 2.2)，且发育大量的弱结构面，压后缝网形态复杂。然而，现今研究主要集中在单一岩性或者各层均质的传统层状储层压裂裂缝扩展规律，压后裂缝形态简单，关于煤系页岩地层压裂前后的裂缝形态研究甚少。

(a) 井下岩心

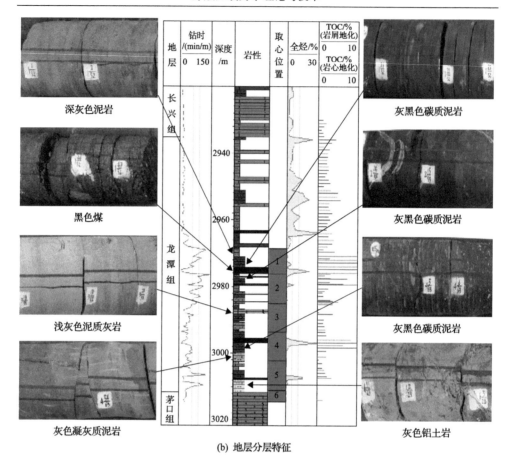

(b) 地层分层特征

图 2.2　山页 1 井龙潭组煤系页岩井下岩心及分层特征

第3章 非常规储层岩石力学行为

岩石力学参数测试是后续分析水力裂缝穿层扩展力学行为的试验前提。围压条件下的三轴试验可得岩石的弹性模量、泊松比、抗压强度等基本力学参数，是岩石力学领域的一项基本试验，其结果对层状地层的可压性评价、水力压裂参数优化设计等具有指导意义。3.1 节以煤系页岩储层为例，从样品制备、试验装置与方法等方面介绍典型 TIV 地层岩石三轴试验的试验流程，并从样品破坏形态、力学参数测试结果、应力-应变曲线等方面分析测试结果，同时以岩石细观结构、物理化学性质为切入点，进一步探究岩石力学参数差异成因。

深部地层油气开发作为另一种典型 TIV 地层的油气藏，经常面临高温高压的问题。3.2 节聚焦深部储层砂岩，介绍高温高压条件下非常规储层岩石的三轴试验流程。针对细砂岩、中砂岩、泥质细砂岩等不同岩性的储层岩石进行力学行为分析，以岩石结构为切入点，细致探究温度及压力变化对岩石破裂形态、力学参数差异的影响。

3.1 煤系页岩储层岩石力学特征

3.1.1 试验岩心制备

1. 样品来源及井下取心信息

试验中所有样品取自 D 井井下岩心，现场使用取心钻头钻取岩心放入岩心存档盒，并对不同深度和批次的岩心进行标号。为了避免在运送岩心途中受到撞击而发生破坏，在岩心柱周围包裹一层充气泡沫，用于缓冲较大的冲击力。岩心柱如图 3.1 (a) 和 (b) 所示，通过对岩心的观察可知，煤系储层层间非均质强且天然裂缝特征差异显著，页岩层发育大量的水平层理与低角度天然裂缝；煤岩层中除发育的层理外，还存在相互正交的割理系统，即面割理与端割理。结合录井资料可知，在该区块中，地层以煤岩与页岩交互为主，少量夹杂薄灰岩层，深度约为3000m，单层厚度小(0.5~3m)，累计厚度大(20~30m)，煤-泥-页复合层是典型的产层组合。图 3.1 (c) 为 D 井 L 组地层层序分布特征，纵向上复杂岩性多层叠置，物性参数垂向变化差异显著。相比传统层状砂泥岩储层，煤系储层具有复杂的地层环境。

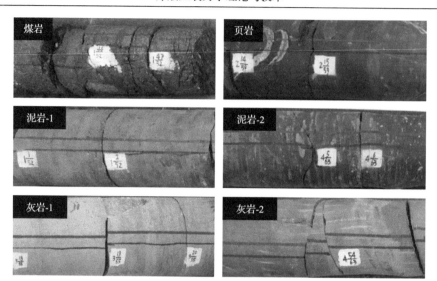

(a) 真实岩心

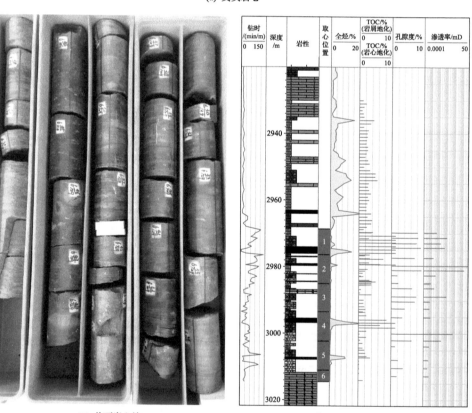

(b) 井下岩心柱

(c) D井L组地层层序分布特征

图 3.1　井下取心信息

$1D=0.986923\times10^{-12}m^2$

2. 岩心的制备方法

由于取自现场的岩心一般形状不规则,且不符合试验标准,因此在试验前需要对现场岩心进行加工。试样加工程序符合美国材料与试验学会(American Society for Testing and Materials,ASTM)标准和国际岩石力学学会(International Society for Rock Mechanics,ISRM)关于岩石力学试验的要求。室内加工岩心的过程如下:先用金刚石取心钻头在现场岩心上套取一个直径为 25mm 的圆柱形试样,然后将圆柱形试样的两端车平、磨光,基面偏差在 2.5%范围内,使岩样的长径比为 2.0。在制作标准岩心时,使用水切割方法将灰岩和泥岩加工成标准岩心。然而,针对煤岩和泥岩遇水后,岩石内部结构变化和强度降低等问题,使用数控钢线切割方法将现场岩心加工成标准岩心。此外,抗拉强度试验试样采用直径为 25mm、厚度为 5~6mm 的圆盘试样;断裂韧性试验采用直径为 40mm、厚度为 10mm 的圆盘,并使用钢锯在圆盘中心预置裂缝,裂缝缝长分别为 8mm、10mm 和 12mm。各试样制作流程如图 3.2 所示。

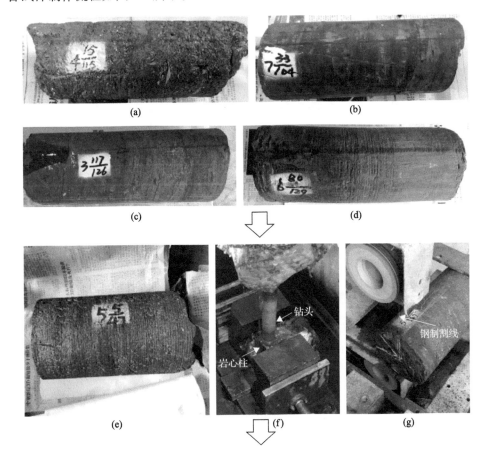

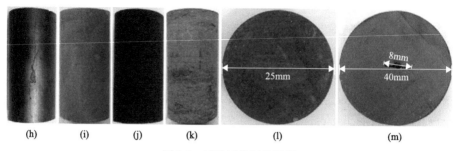

(h)　　　(i)　　　(j)　　　(k)　　　(l)　　　　　(m)

图 3.2　试验试样制作流程

3.1.2　试验装置与方法

1. 试验测试设备

试验主要采用美国 GCTS（Geotechnical Consulting and Testing Systems）公司
RTR-1500 型高温高压三轴岩石力学测试系统，用于测试岩石的单轴强度、三轴强
度及储层地应力条件；采用中国 TAW-1000 岩石力学测试系统[图 3.3(a)]测试岩

(a) TAW-1000岩石力学测试系统　　　　　(b) MiniFlexⅡ台式X射线衍射仪

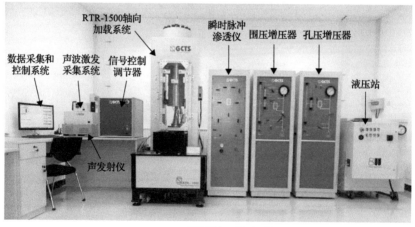

(c) RTR-1500型高温高压岩石三轴仪

图 3.3　试验仪器

石的抗拉强度和断裂韧性；采用日本理学株式会社 MiniFlexⅡ台式 X 射线衍射仪 [图 3.3(b)]对岩石进行矿物组分分析等。

图 3.3(c)所示为美国 GCTS 公司生产的 RTR-1500 型高温高压岩石三轴仪。RTR-1500 高温高压岩石三轴仪是美国 GCTS 公司生产的一套岩石地应力综合测试系统，能够模拟地层在高温高压条件下岩心的位移、声发射、声波传播速率和渗透率参数并进行分析，能够进行差应变测试和分析，能够进行热传导测试。仪器可以获得弹性模量、泊松比、抗压强度、体积模量、剪切模量、断裂韧性、内聚力和内摩擦角、Biot 孔弹性常数、渗透率、P 波和 S 波波速等各种试验参数。RTR-1500 高温高压岩石三轴仪主要包括 7 个系统，分别是数据采集和控制系统、声波激发采集系统、RTR-1500 轴向加载系统、信号控制调节器、瞬时脉冲渗透仪、围压和孔压增压器、液压站。仪器的主要性能如下：采用电液闭环数字伺服控制，轴压为 1500kN，轴向加载频率为 10Hz，加载架刚度为 10000kN/mm，围压为 140MPa，孔压为 140MPa，温度为室温～150℃，试样直径为 25～100mm。

2. 试验结果与分析

1）单轴压缩试验

在单轴压缩试验中记录下岩石的应力-应变曲线及峰值破坏强度，获取岩石在常温常压下的弹性模量、泊松比、抗压强度[1]。岩样的弹性模量及泊松比可根据应力-应变曲线的线弹性阶段确定。试验前后试样照片如图 3.4 所示，图 3.4(a)～(d)分别为煤岩、页岩、灰岩和泥岩的试验前后照片，图中左半部分为试验前照片，右半部分为试验后照片。试验结果如表 3.1 和图 3.5 所示。

| (a) 煤岩 | (b) 页岩 | (c) 灰岩 | (d) 泥岩 |

图 3.4　试验前后试样照片

表 3.1　单轴压缩试验结果

岩性	抗压强度/MPa	弹性模量/GPa	泊松比
煤岩	7.60	0.85	0.30
	11.30	1.61	0.03
	13.10	1.51	0.23
	13.90	2.44	0.20

续表

岩性	抗压强度/MPa	弹性模量/GPa	泊松比
页岩	12.48	2.07	0.114
	15.49	11.29	0.303
	19.03	12.57	0.336
	19.56	10.51	0.372
灰岩	81.86	37.84	0.161
	94.55	33.21	0.191
	144.33	37.93	0.178
	180.85	39.42	0.139
泥岩	47.83	9.03	0.223
	54.03	20.59	0.121
	143.58	34.96	0.127
	155.69	39.49	0.191

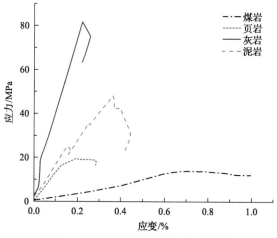

图 3.5　单轴压缩试验应力-应变曲线

不同岩性的单轴抗拉强度差异较大，抗拉强度由小到大的岩石排序为煤岩（11.475MPa）、页岩（16.64MPa）、泥岩（100.28MPa）和灰岩（125.42MPa）；同时，煤岩和页岩在高单轴压力下表现出塑性特征；灰岩和页岩在破坏之前应力-应变呈线弹性变化关系，达到破坏值之后应力值迅速下降。

2) 三轴压缩试验

由于井壁围岩处于三向应力状态，因此有必要结合三轴压缩试验评价岩石的岩石力学性能，对标准圆柱形岩样的横向施加液体围压 $\sigma_3 = P_c$，逐渐增大轴向载荷，记录岩石破坏时的轴向应力和应力-应变曲线。三轴压缩试验步骤如下。

　　（1）固定试样：将标准岩心固定于压力室内，安装轴向变形传感器和径向变形传感器并调节至所需位置，密封压力室并向压力室泵入围压油。

　　（2）施加围压：开启围压增压器对压力室增压，使围压达到所需数值。通过 SCON 伺服压力系统的自动控制，围压加载速率设定为 1MPa/min，保证对岩心施加均匀稳定的围压，并且有足够的时间来观察围压加载过程中岩心的变形情况，之后维持该围压 0.5～1h。

　　（3）施加轴向载荷：待围压稳定以后，开启轴向压力控制器进行轴向加载，静态加载速率为 $0.07\% \times \varepsilon_a$/min，直至岩心破坏，并观察峰值后岩心的变化。试验进行过程中，记录加载时间、轴向差应力、轴向应变、径向应变和体积应变等。试验结果如表 3.2 和图 3.6 所示。

表 3.2　三轴压缩试验结果

岩性	围压/MPa	抗压强度/MPa	弹性模量/GPa	泊松比
煤岩	0	11.48	1.602	0.190
	20	56.90	6.73	0.445
	40	90.11	7.70	0.400
页岩	0	16.64	9.11	0.281
	20	32.89	9.67	0.325
	40	103.60	10.72	0.447
灰岩	0	67.71	32.00	0.281
	20	243.70	31.59	0.114
	40	384.4	33.014	0.153
泥岩	0	43.02	16.62	0.149
	20	132.91	32.97	0.208
	40	239.22	48.567	0.186

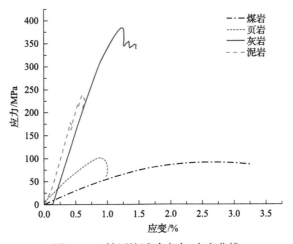

图 3.6　三轴压缩试验应力-应变曲线

　　试验结果表明，岩石的抗压强度随着围压增大而增加。值得注意的是，在高围压条件下，煤岩呈现出更高的塑性特征，轴向应变大于3%，高于在无围压条件下的1%，因此岩石的塑性特征也随着围压的增大而增加。不同岩石的塑性特征增加幅度也存在差异，煤岩明显大于其他岩石。

　　3) 抗拉试验

　　岩石的抗拉强度大小对裂缝扩展的难易程度有着较大的影响，因此采用巴西劈裂法测试岩石的抗拉性能，依照试验方案制定加载程序，对岩样进行加载直至岩样破坏。试验时沿着岩石圆盘试件的直径方向施加集中荷载，试件受力后沿着加载力的直径方向裂开。试验加载条件如图3.7所示，图3.8展示了试样破坏后的形态。记录岩石破坏时的荷载，计算岩石抗拉强度，计算公式如式(3.1)所示，试验结果如表3.3所示。

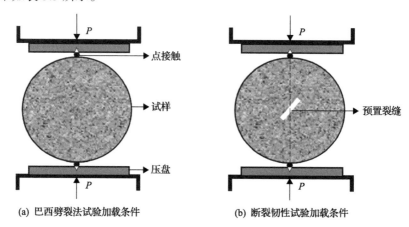

(a) 巴西劈裂法试验加载条件　　　　　　(b) 断裂韧性试验加载条件

图 3.7　巴西劈裂法及断裂韧性试验加载条件

(a) 煤岩　　　　　　　　(b) 灰岩　　　　　　　　(c) 泥岩

图 3.8　试样破坏后的形态

$$S_t = 2P/(\pi dl) \tag{3.1}$$

式中，S_t 为试样的抗拉强度，MPa；P 为破坏荷载，N；d、l 分别为试样的直径和长度，mm。

表 3.3 巴西劈裂法试验结果

岩性	载荷/kN	抗拉强度/MPa	平均抗拉强度/MPa
煤岩	0.072	0.296	0.74
	0.175	0.850	
	0.268	1.039	
	0.227	0.883	
	0.225	0.993	
	0.072	0.404	
页岩	0.921	3.871	4.66
	1.031	4.892	
	1.252	5.213	
灰岩	1.433	6.043	5.66
	1.484	6.938	
	1.238	5.323	
	1.165	5.105	
	1.473	6.498	
泥岩	1.361	5.579	7.75
	2.866	11.456	
	4.372	18.500	
	0.836	3.681	
	0.939	3.969	
	0.733	3.311	

对 20 组试样进行试验，取岩石的平均抗拉强度。煤岩、页岩、灰岩及泥岩的平均抗拉强度分别为 0.74MPa、4.66MPa、5.66MPa 和 7.75MPa。

4）断裂韧性试验

岩石断裂韧性是影响深部油气层水力压裂裂缝起裂和扩展的一个主要因素。断裂韧性试验与巴西劈裂法试验的步骤一致，但要求荷载加载方向与预置裂缝角度呈 30°，如图 3.7(b) 所示，测试试样剪切型破坏特征，得到岩石 II 型断裂韧性[55]。其计算公式如式 (3.2) 和式 (3.3) 所示，试验结果如表 3.4 所示。

$$N = \left[2 + (8\cos^2\theta - 5)\left(\frac{a}{R}\right)^2 \right] \sin 2\theta \tag{3.2}$$

$$K = P\sqrt{a}N / (\sqrt{\pi}RB) \tag{3.3}$$

式中，P 为施加的径向荷载，kN；$2a$ 为初始裂缝长度，mm；θ 为载荷方向与预制裂缝方向的夹角；N 为 II 型无因次应力强度因子；R 为圆盘半径，mm；B 为圆盘厚度，mm。

表 3.4　断裂韧性试验结果

岩性	缝长/mm	载荷/kN	断裂韧性/(MPa·m$^{1/2}$)
煤岩	8	0.32	0.145
	10	0.382	0.187
	10	0.289	0.149
页岩	8	0.444	0.198
	12	0.506	0.283
	12	0.381	0.209

试验结果表明，页岩和煤岩的断裂韧性的平均测试值分别为 0.23MPa·m$^{1/2}$、0.16MPa·m$^{1/2}$，为后续深层煤系页岩储层裂缝穿层扩展模型参数提供参考。

5）地应力环境

进行三轴试验之前，需要确定岩心所处深度处的地应力状态，从而确定三轴试验加载的围压大小。目前测量地应力的方法很多，常用的测量方法主要有水压致裂法、声发射法、井壁崩落法等。本节采用室内试验常用的声发射法，即凯塞（Kaiser）效应测试地应力的大小。

声发射 Kaiser 效应试验可以测量岩石曾经承受过的最大压应力。通过在 RTR-1500 型三轴压机上进行单轴强度试验，同时检测声发射信号，来找到受压面上曾承受的最大压应力 $\sigma_{90°}$、$\sigma_{45°}$、$\sigma_{0°}$ 和 $\sigma_{\perp}$，然后代入公式求得水平最大主应力 σ_H、水平最小主应力 σ_h 和垂向主应力 σ_V。在直井井段使用取心钻头获取直径为 100mm 的连续岩心。每获得一组地应力数据，需要沿岩心径向取标准岩心（25mm×50mm），另垂直于岩心柱径向方向每隔 45° 依次取 3 个标准岩心（图 3.9）。

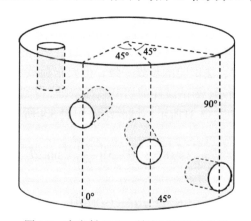

图 3.9　声发射 Kaiser 效应试验取心位置

对上述 4 个方向取得的岩心进行试验，测得 4 个方向的正应力。利用式(3.4)计算出深部岩石所处的地应力 σ_H、σ_h 和 σ_V 的大小。

$$\begin{cases} \sigma_V = \sigma_\perp + \alpha P_p \\ \sigma_H = \dfrac{\sigma_{0°} + \sigma_{90°}}{2} + \dfrac{\sigma_{0°} - \sigma_{90°}}{2}(1 + \tan^2 2\theta)^{\frac{1}{2}} + \alpha P_p \\ \sigma_h = \dfrac{\sigma_{0°} + \sigma_{90°}}{2} - \dfrac{\sigma_{0°} - \sigma_{90°}}{2}(1 + \tan^2 2\theta)^{\frac{1}{2}} + \alpha P_p \\ \tan 2\theta = \dfrac{\sigma_{0°} + \sigma_{90°} - 2\sigma_{45°}}{\sigma_{0°} + \sigma_{90°}} \end{cases} \quad (3.4)$$

式中，α 为有效应力系数；P_p 为地层压力；θ 为一个中间变量，根据式(3.4)可求；$\sigma_{90°}$、$\sigma_{45°}$、$\sigma_{0°}$ 和 $\sigma_\perp$ 分别为按图 3.9 所示取到的 4 个标准岩心柱的单轴抗压强度。

地应力测试结果如表 3.5 所示。

表 3.5 地应力测试结果

岩性	深度/m	地应力 ($\sigma_V/\sigma_H/\sigma_h$)/MPa
灰岩	3099.07～3100.68	69.27/65.72/58.03
泥岩	3118.82～3119.69	69.42/66.32/63.22
灰岩	3126.29～3128.08	71.72/68.45/65.14
煤岩	3131.18～3131.39	65.74/64.04/61.04
泥岩	3132.83～3133.11	72.10/71.16/65.44
煤岩	3145.61～3145.84	69.76/69.80/60.85
页岩	3155.05～3155.27	69.44/64.28/63.94
灰岩	3160.73～3160.97	69.02/65.32/63.71
泥岩	3163.49～3163.71	72.52/68.30/58.78
页岩	3169.68～3169.76	67.62/65.80/64.49

6) 岩石力学参数剖面

为了获得更加准确的煤系页岩储层模拟结果，通过室内力学试验对地层岩样进行了岩石弹性模量、泊松比、抗拉强度等测试后，再利用测试参数对测井曲线进行校正，利用矫正后的测井解释剖面图，获得全井段地层的力学参数，如图 3.10 所示。

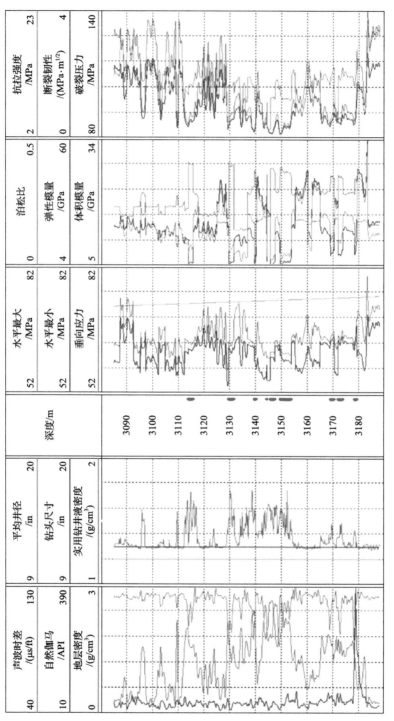

图3.10 岩石力学参数剖面图

1in＝2.54cm

3.1.3 岩石物性参数测试与分析

1. 细观结构观察试验

为了揭示煤系页岩储层中不同岩石的微细观结构，采用环境扫描电镜，试验对象包括煤岩和泥岩，试验结果如图 3.11 所示。煤岩中镜质体与丝质体内结构致密，孔隙类型主要为泥质填充物间发育的微孔隙和残余的少部分生物结构微孔，气孔小且少；泥岩中黏土矿物片层间发育十分丰富的线状微孔隙，有机质主要为高等植物碎片，少部分内发育大小不一、或多或少的气孔。

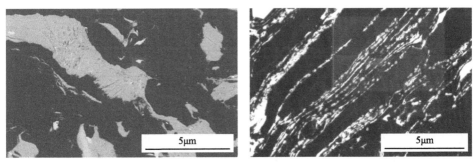

(a) 煤岩细观结构

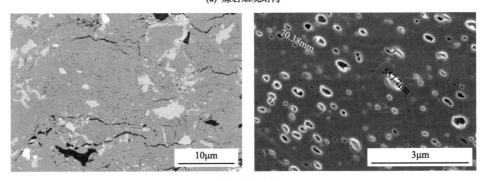

(b) 泥岩细观结构

图 3.11　不同岩石的细观结构

2. 储层物理化学性质

1）矿物分析

试验制备 7 份样品用于矿物组分分析，所得试验结果如表 3.6 所示。通过脆性矿物统计方法可知[56]，煤岩主要矿物成分有石英、方沸石、方解石、重晶石和白云石，煤岩脆性矿物质量分数大于 50%；页岩主要成分为石英及黏土矿物，石英质量分数超过 50%，脆性大；灰岩主要成分为白云石，质量分数占 85%左右，脆性矿物石英及白云石总质量分数在 95%，脆性大；泥岩主要成分有方解石、石英及黏土矿物。

表 3.6 全岩 X 射线衍射定量分析结果

岩性	矿物种类及其质量分数/%									
	石英	方沸石	方解石	重晶石	白云石	赤铁矿	斜长石	钾长石	角闪石	黏土矿物
煤岩	15.2	25.8	30.3	28.7						
	20.2		24.0	17.5	38.3					
灰岩	10.0				85.8	3.5				0.7
	10.8				83.9	4.1				1.2
泥岩	20.8		18.7	3.9		26.1	3.7			26.8
	4.8		76.8					0.5	1.2	16.7
页岩	56.3			6.4						37.3

2) 成熟度

总有机碳(total organic carbon，TOC)是评价储层成熟度的重要手段之一，统计结果如表 3.7 所示。该储层的平均 TOC 大于 2%，不同岩性 TOC 差异较大，煤层(27.29%)＞灰黑色碳质泥岩(8.02%)＞白云质/灰质泥岩(2.36%)＞深灰色泥岩(2.23%)。现场共计 26 个样品进行含气量测试，解吸气量介于 0.11～4.28m³/t，平均 0.77m³/t；总含气量介于 0.41～12.43m³/t，平均 2.1m³/t。煤层、碳质泥岩(含煤)、碳质泥岩含气量高。

表 3.7 TOC 统计结果

岩性	TOC/%		
	最小值	最大值	平均值
煤层	3.52	59.88	27.29
灰黑色碳质泥岩	1.24	23.77	8.02
深灰色泥岩	0.50	4.60	2.23
白云质/灰质泥岩	0.58	5.09	2.36
凝灰质泥岩	0.21	2.27	0.96
铝土岩	0.10	0.12	0.11

3) 硬度测试

采用硬度测试仪测试岩石硬度，试验仪器如图 3.12 所示。硬度测试结果如表 3.8 所示，测值越大硬度越高。不同岩性硬度差异较大，且同一岩性硬度测值有明显差异，地层构造运动复杂，非均质性强。页岩和煤硬度低，属于软岩石；灰岩和泥岩硬度较高。

图 3.12　硬度测试仪

表 3.8　硬度测试结果 （单位：kg/mm²）

岩性	样品 1 硬度	样品 2 硬度	样品 3 硬度	平均值
页岩	17.50	19.50	28.00	21.67
泥岩	60.50	56.50	58.50	58.50
	82.00	85.50	83.00	83.50
	44.00	35.00	39.50	39.50
	301.00	302.00	309.00	304.00
煤岩	12.50	13.50	12.50	12.83
	7.00	9.00	11.00	9.00
	34.00	36.50	37.50	36.00
	30.50	25.00	22.50	26.00
灰岩	282.00	285.00	310.00	292.33
	206.00	166.00	207.00	193.00

4）孔隙度和渗透率确定

孔隙度试验结果如表 3.9 所示，储层孔隙度总体较高，主要介于 1.13%～10.67%，平均值为 5.84%。其中，煤层孔隙度最高，碳质泥岩（含煤）、凝灰质泥岩、深灰色泥岩、碳质泥岩次之，铝土岩、白云质/灰质泥岩最差。煤系页岩储层总体物性较好。

基于现场井下岩心观察、储层岩石力学试验和物性评价试验，研究煤系页岩储层中不同岩性的岩石力学特征、变形特征、微观组成和结构，发现煤系页岩储层属于多岩性组合层状储层，在纵向上多层叠置，多气共存，横向连续成藏。通过井下岩心观察，层间非均质强且天然裂缝特征差异显著。岩石抗压强度由小到大排序为煤岩（11.475MPa）、页岩（16.64MPa）、泥岩（100.28MPa）和灰岩（125.42MPa），煤岩和页岩在高单轴压力下和高围压条件下表现出明显塑性特征，且岩石的塑性特征随着围压的增加而增加，不同岩石的塑性特征增加幅度也存在明显差异。不同岩石的抗拉强度和断裂韧性差异较大，利用其参数矫正测井曲线，从而获得全井段地层的力学参数，表明层间最大水平地应力差达到 7MPa，因此裂缝垂向上扩展难易程度不一致。储层孔隙度总体较高，平均值为 5.84%。储层的平均 TOC 大于 2%，岩石中脆性矿物质量分数均大于 50%。

表 3.9　孔隙度试验结果

岩性	厚度/m	孔隙度/%
煤层	4.48	9.84
碳质泥岩(含煤)	3.44	7.96
碳质泥岩	8.55	5.43
深灰色泥岩	14.48	7.6
白云质/灰质泥岩	5.73	2.38
凝灰质泥岩	2.5	8.01
铝土岩	3.97	2.77
白云岩/灰岩	2.75	1.68

3.2　高温高应力岩石力学试验

在高温及高应力状态下，不同岩性的岩石破坏表现出由脆性到塑性等不同的破坏类型，在破坏损伤过程中主要形成张性缝、张性与剪切混合缝、剪切缝、塑性剪切缝及体积缝等裂缝形态(图 3.13)。针对不同的破坏类型及损伤形态，采用不同的准则模型对岩石破坏条件进行分析和评价。

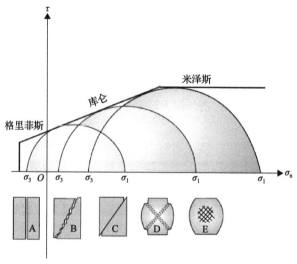

图 3.13　高温及高应力状态下岩石的不同破坏形态

σ_1 和 σ_3 分别为作用岩石上的第一、第三主应力；σ_n 为作用于破坏滑移面上的正应力

对于脆性岩石的剪切破坏过程,一般采用莫尔-库仑(Mohr-Coulomb)强度准则来分析。当岩石所受的剪切力达到岩石的临界抗剪切强度时发生破坏,即

$$\tau = \tau_0 + \mu\sigma_n \tag{3.5}$$

式中,τ 为岩石的剪切强度;τ_0 为岩石破坏面的黏聚力。

由图 3.14 中库仑(Coulomb)破坏线计算的岩石张性破坏时的抗张强度比实际值偏大。

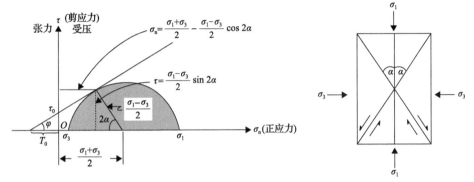

图 3.14　岩石剪切破坏条件

对于岩石在张性破坏区域产生的破坏,格里菲斯(Griffith)强度准则认为满足下式关系时破坏发生:

$$\sigma_c - \sigma_p < 4T_0 \tag{3.6}$$

式中,σ_c 为岩石的轴向加载应力,即最大压缩主应力;σ_p 为围压,即最小压缩主应力;T_0 为岩石的抗张强度。

而对于塑性破坏,米泽斯(Mises)屈服准则认为岩石在外载作用应力达到屈服极限时产生,即

$$\sigma_e = \frac{1}{\sqrt{2}}\Big[(\sigma_1 - \sigma_2)^2 + (\sigma_1 - \sigma_3)^2 + (\sigma_2 - \sigma_3)^2\Big]^{1/2} \tag{3.7}$$

式中,σ_2 为作用于岩石上的第二主应力;σ_e 为岩石的屈服应力。

无论何种形式的破坏,岩石均存在一个极限承载应力,对于不同岩石在不同的作用条件下(温度、压力),从加载到破坏的整个过程,岩石的力学特性和变形行为随着时间不断发生变化。本节通过室内试验方法对深部地层不同岩性岩石的力学参数受温度及围压的影响进行了分析,同时以此为前提重点对岩石的破坏形式及破裂形态与岩石的结构及抗载能力的对应关系进行了分析和阐述,为深部地层水力压裂及井壁稳定力学分析提供了基础参数。

3.2.1 试验制备及参数

1. 试验制备

试验岩心为采用岩样取心机钻取的直径为25mm的圆柱形岩样，岩样的长径比为2∶1～2.5∶1(图3.15)。为了消除端部效应，加工过程中岩样端面及周边保持光滑，两端面的平行度需小于0.01mm，轴线与端面的垂直度小于0.05mm。对于地应力测试，需在水平方向以起始0°、45°和90°方向取3块岩样，以及在垂向上取一块岩样同时进行试验。

图3.15 试验岩样加工尺寸

在高温试验条件下，对于需要加载孔压的岩样，在试验前需将其加工成满足要求的尺寸，并将其放入饱和的煤油介质中采用真空泵抽真空。试验过程中将岩样放入压力室的基座上，保持下压头、岩样及上压头垂向上共轴且各接触的水平端面保持水平稳定，之后采用高温耐压热缩管将岩样及上、下压头与岩样端面的接触部分密封，防止试验加载过程中围压油与岩体部分接触，影响试验效果。同时，对于要求加载孔压的岩样，可以避免由上压头小直径孔眼向岩样上端面注入的孔压介质油与围压加载介质油混触，导致围压及孔压加载失败。

岩样准备完成后，依次操作完成测试：接通液压站电源；通用数字信号调节控制器CSON开机，同时计算机开机运行CATS软件；启动液压站；岩样装载并密封压力室；传感器清零；开启轴压作动器；接触试样；压力室注油；温度控制；开启围压作动器；启动孔压作动器；设置试验步骤，执行测试；试验结束后记录数据并依次关闭设备。

2. 试验参数

针对深井超深井(6000～7500m)储层温度高(100～180℃)、压力大(90～140MPa)、岩性多样及岩石结构复杂(缝、孔、洞，胶结程度及沉积颗粒大小不同)等特点，采用现场取心，应用RTR-1500高温高压岩石三轴仪对不同温度和特定围压下不同岩性和岩石结构的地层岩样进行室内试验，评价分析不同岩石在不同温度和围压条件下的力学行为。根据上述目的和分析思路，研究分以下几部分进行。

(1)常温(25℃)及25MPa围压条件下，不同岩性岩石(细砂岩、中砂岩、泥砾岩、泥岩等)的力学行为，试验参数如表3.10所示。

表3.10　不同岩性岩石在常温及特定围压条件下的试验参数

岩样编号	井深/m	岩性	加载温度/℃	加载围压/MPa
KS206-21	6710	砂岩	25	25
KS206-16	6710	粉砂质泥岩	25	25
KS206-14	6710	泥质细砂岩	25	25
DB205-23	5833~5940	细砂岩	25	25
DB205-25	5833~5940	泥质砂岩	25	25
DB205-27	5833~5940	中砂岩	25	25
DB205-22	5833~5940	泥砾岩	25	25
DB205-26	5833~5940	泥岩	25	25

(2)不同温度(25℃，80℃，120℃，160℃)及特定围压条件下，不同岩性岩石(细砂岩、中砂岩、泥质细砂岩、粉砂质泥岩、含泥砾中砂岩、含泥中砂岩、泥质细砂岩等)的力学行为，试验参数如表3.11所示。

表3.11　不同岩性岩石在不同温度及特定围压条件下的试验参数

岩样编号	井深/m	岩性	加载温度/℃	加载围压/MPa
DB205-23	5836	细砂岩	25	25
DB205-24	5836	细砂岩	160	25
DB205-27	5836	中砂岩	25	25
DB205-28	5836	中砂岩	160	25
KS206-14	6710	泥质细砂岩	25	25
KS208-6	6610	泥质细砂岩	120	25
KS206-16	6710	粉砂质泥岩	25	25
KS208-3	6610	粉砂质泥岩	80	25
KS207-12	6875	粉砂质泥岩	120	25
KS206-17	6710	粉砂质泥岩	160	25
KS207-9	6875	泥质细砂岩	160	25
KS207-8	6800	含泥中砂岩	160	25
KS208-13	6610	含泥砾中砂岩	160	25

（3）不同温度（25℃，80℃，120℃，160℃）及 40MPa 围压条件下，不同缝洞结构碳酸盐岩（基质型、裂缝型、孔洞型）的力学行为，试验参数如表 3.12 所示。

表 3.12　碳酸盐岩在不同缝洞结构及温度条件下的试验参数

岩样编号	井深/m	岩石结构	加载温度/℃	加载围压/MPa
TZ201C-9	5545	基质型	25	40
TZ201C-8	5545	基质型	80	40
TZ201C-6	5545	基质型	120	40
TZ201C-7	5545	基质型	160	40
TZ201C-10	5545	基质型	160	40
ZG104-3	6265	裂缝型（倾角 60°）	25	40
TZ63-21	6245	裂缝型（倾角 60°）	120	40
TZ63-22	6245	裂缝型（倾角 90°）	25	40
TZ63-25	6245	裂缝型（倾角 90°）	120	40
ZG104-4	6265	孔洞型	120	40

3.2.2　高温岩石力学特征

1. 力学行为变化

通过试验分析细砂岩、中砂岩、泥质砂岩、泥砾岩、泥岩等不同泥质含量的储层岩石在常温（25℃）及 25MPa 围压条件下的强度特征及变形特性。

由图 3.16 分析表明：①随着泥质含量的增加，弹性模量及抗压强度逐渐变小（21#、16#、14#），而泊松比的变化无明显规律（与破坏形态有关），其总体变化规律如图 3.17 和图 3.18 所示；②不同的破裂形态，其抗压能力由大到小依次为剪切破坏、张性破坏和体积破坏（图 3.19）。

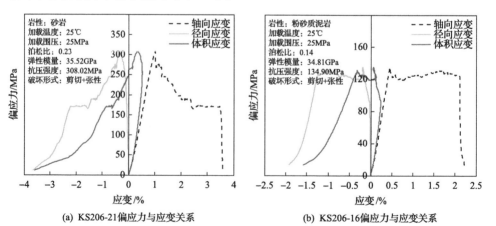

(a) KS206-21偏应力与应变关系　　　　　(b) KS206-16偏应力与应变关系

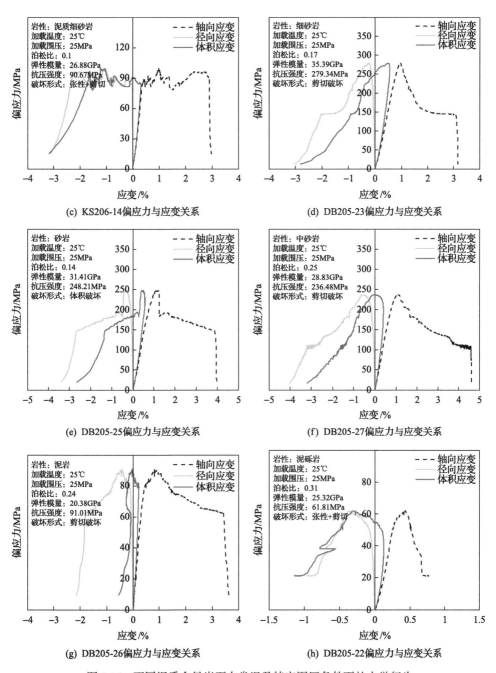

图 3.16　不同泥质含量岩石在常温及特定围压条件下的力学行为

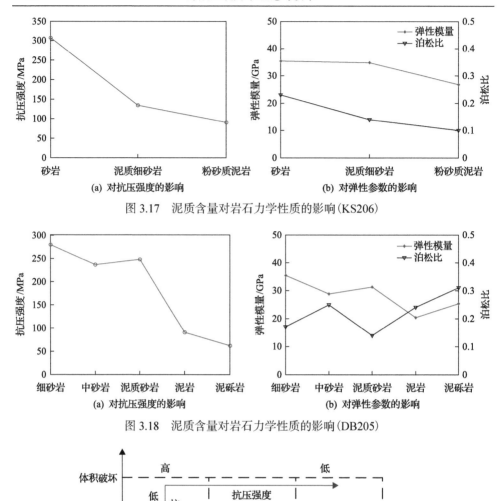

图 3.17 泥质含量对岩石力学性质的影响（KS206）

图 3.18 泥质含量对岩石力学性质的影响（DB205）

图 3.19 常温及特定围压条件下岩性及破坏形式对岩石强度的影响规律

2. 影响规律分析

通过试验分析细砂岩、中砂岩、泥质细砂岩，以及粉砂质泥岩、泥质细砂岩、含泥中砂岩、含泥砾中砂岩等不同泥质含量的储层岩石在不同温度（80～160℃）及 25MPa 围压条件下的强度特征及变形特性。

由图 3.20 结合图 3.16 分析表明：围压一定时（25MPa），与常温（25℃）相比，高温（160℃）对岩石强度的影响随着岩性的不同其影响程度各不相同，即温度对中砂岩(28#、27#)的影响比致密性细砂岩(24#、23#)及泥质细砂岩(6#、14#)的影响大,即致密性细砂岩及泥质细砂岩在高温条件下其强度有小幅增加,总体变化不大,而中砂岩则急剧下降,表现出相反的力学行为(图 3.21)。

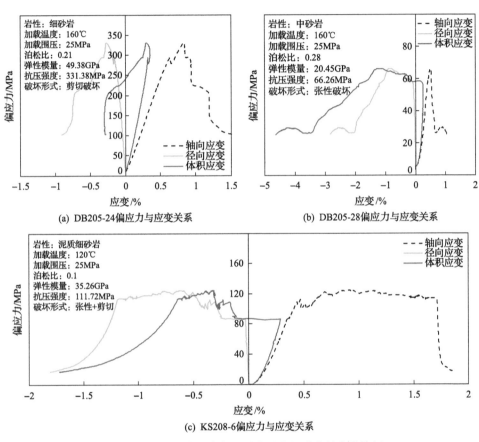

(a) DB205-24偏应力与应变关系   (b) DB205-28偏应力与应变关系

(c) KS208-6偏应力与应变关系

图 3.20   常温及高温条件下砂岩及含泥砂岩的力学特征

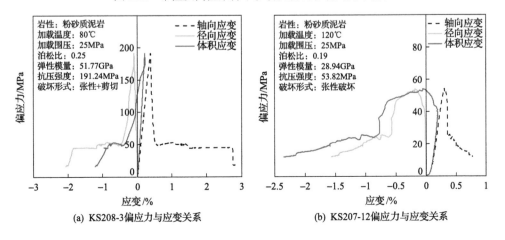

(a) KS208-3偏应力与应变关系   (b) KS207-12偏应力与应变关系

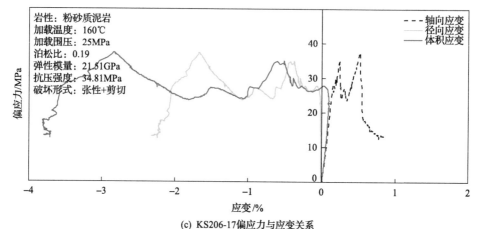

(c) KS206-17偏应力与应变关系

图 3.21 不同温度条件下泥岩的力学变化特征

由图 3.21 结合图 3.16 分析表明：在 80～160℃温度及 25MPa 围压条件下，泥岩强度受温度的影响较大（16#、3#、12#、17#），抗压强度及弹性模量随温度的增加呈现先增加后减小的趋势，而致密性砂岩受温度的影响则相对要小得多。温度对不同岩性抗压强度的影响规律如图 3.22 所示。由于弹性模量受温度的影响规律与抗压强度相同，因此在此不作绘图分析。

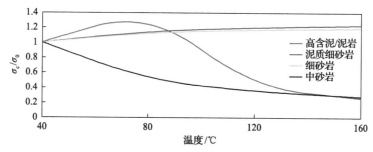

图 3.22 温度对不同岩性抗压强度的影响规律

$$\sigma_c / \sigma_0 = 1.35 \times 10^{-5} T^2 - 6.3 \times 10^{-3} T + 1.123 \quad (25℃ \leqslant T \leqslant 160℃) \tag{3.8}$$

$$\varepsilon_T / \varepsilon_0 = -4.7 \times 10^{-6} T^2 + 5.68 \times 10^{-3} T + 0.891 \quad (25℃ \leqslant T \leqslant 160℃) \tag{3.9}$$

$$\frac{E}{E_0} = 7.54 \times 10^{-19} T^{10} - 7.64 \times 10^{-16} T^9 + 3.36 \times 10^{-13} T^8 - 8.41 \times 10^{-11} T^7 + 1.31 \times 10^{-8} T^6$$

$$-1.33 \times 10^{-6} T^5 + 8.83 \times 10^{-5} T^4 - 0.0038 T^3 + 0.099 T^2 - 1.45 T + 10.01$$

$$\tag{3.10}$$

式中，E 为岩石的弹性模量；σ_0、E_0 为岩石在常温(25℃)下的抗压强度及弹性模量；ε_0、ε_T 为岩石在常温(25℃)和温度为 T 时的峰值应变。

式(3.8)中的拟合公式为泥岩。分析认为，由于泥质细岩砂、细砂岩致密，颗粒及孔隙小，岩石结构的各向差异性小，因此在 160℃以下温度范围内随着温度的增加其强度值变化不大；而中砂岩等孔隙大、岩石结构各向差异性明显的岩石受温度的影响相对较大；对于泥岩或高含泥岩石，虽然岩石致密且孔隙极小，但同时其物理性质也受温度影响，导致其强度特性随温度表现出复杂的变化特征。

由图 3.23 结合图 3.16 分析表明：①高温(160℃)及 25MPa 围压条件下(24#、8#、9#)，含泥细砂岩、泥质细砂岩及含泥砾中砂岩等致密性岩石易发生剪切破坏，且强度高；而高含泥岩石易发生张性破坏。在常温条件下岩石的破坏形式无明显规律。②岩石在高温(160℃)情况下的强度总体变化趋势为随着岩石泥质含量的增加其强度逐渐降低(细砂岩 24#、泥质细砂岩 6#、中砂岩 28#、粉砂质泥岩 17#)。此外，岩石胶结颗粒的大小及孔隙性对强度也有着重要影响，且随着颗粒直径的增加、孔隙结构的增大，其强度有下降趋势(泥质细砂岩 9#、泥质中砂岩 8#及含泥砾中砂岩 13#)。

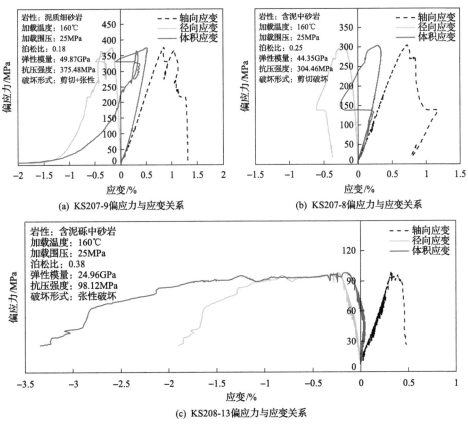

图 3.23 高温条件下不同泥质含量岩石的力学特征

考虑温度项后改进的邓肯(Duncan)模型如下：

$$\sigma_0(dT^2 + eT + f) = \frac{\varepsilon_0(gT^2 + hT + i)}{a + b\varepsilon_0(gT^2 + hT + i) + c\varepsilon_0^2(gT^2 + hT + i)^2} \quad (25℃ \leqslant T \leqslant 160℃)$$

(3.11)

式中，a、b、c 为本构模型计算可得的参数；d、e、f、g、h、i 的数值与岩性有关。

泥岩岩心的全应力-应变曲线拟合结果如图 3.24 所示，图中实线为试验测试值，虚线为模型计算值。

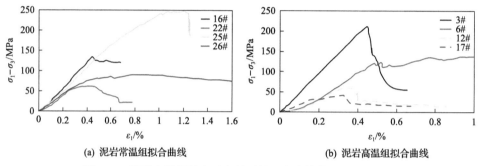

(a) 泥岩常温组拟合曲线　　　　　　　　(b) 泥岩高温组拟合曲线

图 3.24　泥岩在常温及高温条件下的上古本构模型与实测对比

3. 岩石结构分析

通过试验分析不同温度(25℃、80℃、120℃、160℃)及 40MPa 围压条件下，不同裂缝产状及缝洞结构碳酸盐的力学行为：基质型、裂缝型、孔洞型。

由图 3.25 分析表明：围压为 40MPa，基质型碳酸盐岩，当温度低于 80℃时，随着温度的增加，岩石强度变化不明显；而当温度在 80～160℃变化时，随着温度的增加，岩石强度大幅下降，其变化规律如图 3.26 所示。

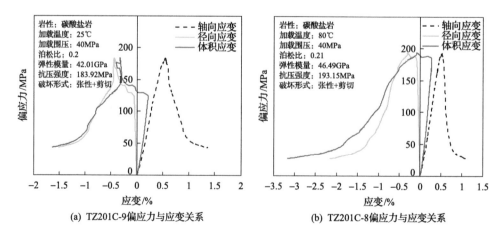

(a) TZ201C-9偏应力与应变关系　　　　　　(b) TZ201C-8偏应力与应变关系

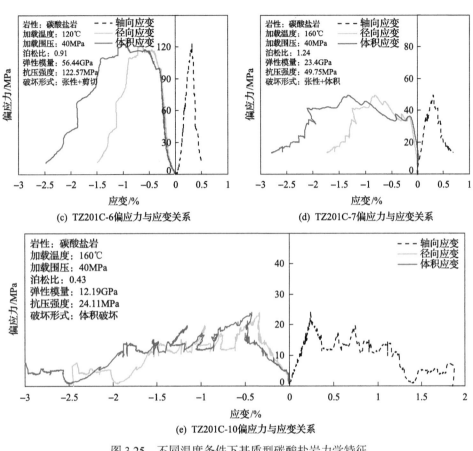

图 3.25　不同温度条件下基质型碳酸盐岩力学特征

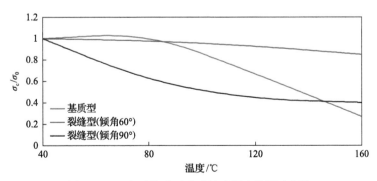

图 3.26　温度对基质型碳酸盐岩强度的影响规律

图 3.26 中，σ_c 为岩石的抗压强度，σ_0 为岩石在常温（25℃）下的抗压强度。分析认为，基质型碳酸盐岩较为致密但微裂缝发育，在高温条件下易形成膨胀应力，产生应力集中，使岩石强度有所降低；而对于宏观裂缝发育的碳酸盐岩，在

高温条件下，如果岩石的破坏带与裂缝走向平行，则破坏强度会急速下降，如果垂直则岩石强度下降缓慢，温度的影响则较小。

由图3.27分析表明：①裂缝倾角为60°时(3#、21#)，岩石在常温(25℃)及高温(120℃)条件下的强度变化不大，表现为小幅下降；而当裂缝倾角为90°时(22#、25#)，岩石在常温(25℃)及高温(120℃)条件下的强度变化较大，由于温度的影响，其强度值急剧下降，总体变化规律如图3.26所示。②高温(120℃)条件下，孔洞型碳酸盐岩的强度一般较裂缝型及基质型碳酸盐岩要低(4#、25#、21#、6#)，如图3.27和图3.28所示，特定围压条件下裂缝产状对强度的影响规律如图3.29所示。③高温条件下岩石体积破坏的强度值较常温条件要低(DB205-25、ZG104-3、TZ63-25、ZG104-4)。

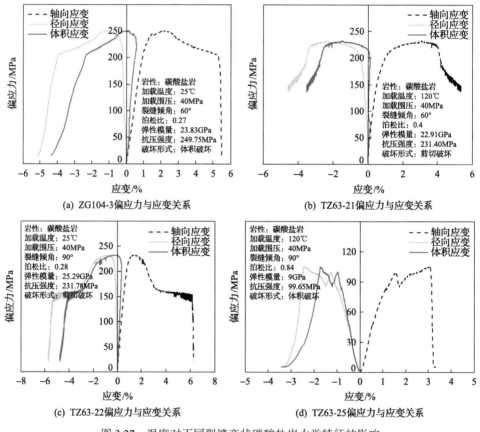

图3.27　温度对不同裂缝产状碳酸盐岩力学特征的影响

深井超深井地层温度高、压力大，储层纵向上岩性交错分布，力学特征复杂，对井壁稳定及水力裂缝扩展形态影响较大。为有效对该类地层岩石力学特征进行分析和评估，通过现场取心，采用高温高压三轴试验，取得以下认识。

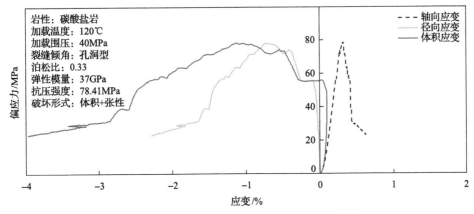

图 3.28　孔洞型(ZG104-4)碳酸盐岩的力学特征

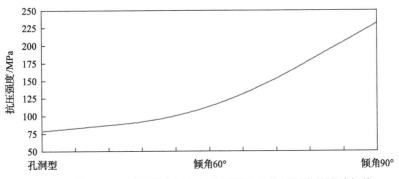

图 3.29　高温(120℃)及特定围压条件下裂缝产状对强度的影响规律

(1)围压 25MPa，常温(25℃)及高温(160℃)条件下，随着泥质含量的增加，弹性模量及抗压强度逐渐减小；同时，对于不同的破裂形态，剪切破坏和张性破坏、体积破坏其抗压能力依次减小。

(2)围压 25MPa，温度 25～160℃条件下，温度对岩石强度的影响随着岩性的不同其影响程度各不相同，泥岩强度受温度的影响较大，抗压强度及弹性模量随温度的增加呈现先增加后减小的趋势。与常温(25℃)相比，高温(160℃)对同一区块及地层环境下中砂岩的影响比致密性细砂岩及泥质细砂岩的影响大，即致密性细砂岩、泥质细砂岩在高温条件下其强度有小幅增加但总体变化不大，而中砂岩则急剧下降。分析认为，温度对岩石强度的影响与岩石的结构各向异性、胶结颗粒的大小、孔隙性及高温条件下的岩石物理性质有较大关系，且随着颗粒直径的增加、孔隙结构的增大，其强度有下降趋势。

(3)高温(160℃)及 25MPa 围压条件下，细岩砂、泥质细砂岩及含泥中砂岩等致密性岩石易发生剪切破坏，且强度高，而高含泥岩石易发生张性破坏；在常温条件下，岩石的破坏形式无明显规律。

(4)通过上述试验的研究和分析，在 Duncan 模型的基础上建立了考虑温度项的泥岩破坏本构模型，经过计算对比分析，模型与试验实测值吻合较好。

(5)围压 40MPa，温度低于 80℃时，随着温度的增加，基质型碳酸盐岩强度变化不明显；而当温度在 80~160℃变化时，随着温度的增加，岩石强度大幅下降。裂缝倾角为 60°时，岩石在常温(25℃)及高温(120℃)条件下的强度变化不大，随着温度的增加表现为小幅下降；而裂缝倾角为 90°时，岩石在常温(25℃)及高温(120℃)条件下的强度变化较大，随着温度的增加，其强度值急剧下降。分析认为，基质型碳酸盐岩较为致密，但微裂缝发育，在高温条件下易形成膨胀应力，产生应力集中，使岩石强度有所降低；而对于宏观裂缝发育的碳酸盐岩，在高温条件下，如果岩石的破坏带与裂缝走向平行，则破坏强度会急速下降，如果垂直则岩石强度下降缓慢，温度的影响较小。

(6)高温(120℃)条件下，孔洞型碳酸盐岩的强度一般较裂缝型及基质型碳酸盐岩要低，且不管何种岩性，高温条件下岩石体积破坏的强度值均较常温条件要低。

第4章 水力裂缝穿层扩展物理模拟

室内真三轴物理模拟试验是研究水力裂缝穿层扩展最直观的手段。本章分别以页岩气储层岩石、页岩油储层岩石、含煤系储层岩石为试验对象，分别从试验样品制备、流程、结果解释等方面详细介绍 TIV 地层岩石室内真三轴试验分析方法。其中，4.1 节将研究重点放在层理性页岩气储层缝网扩展上，划分缝网扩展类型；4.2 节将重点放在了页岩油井下岩心的包裹试样制备上，并对水力裂缝沟通上下多甜点的现象进行模拟；4.3 节将重点放在模拟多岩性组合地层试样的制备上，详尽描述该类型试验的流程及分析方法。

4.1 层理性页岩气储层缝网扩展

中国深层页岩气资源量丰富(川东南深部页岩气含量高达 $4612 \times 10^8 \mathrm{m}^3$)，勘探开发前景十分广阔。现场压裂实践表明，水力压裂是提高页岩储层单井产量的关键技术。近年来，通过水平井及分段压裂技术实现了浅层页岩气(埋深小于3500m)的商业开发。因此，提高深层页岩储层缝网复杂程度及裂缝导流能力是改善单井压裂效果的关键。

4.1.1 试验参数设置

试验前先对深层页岩露头试样的岩石力学参数进行测试。深层页岩处于高温高压环境，塑性特征增强，岩石力学参数会发生显著变化。采用 GCTS 设备测试不同围压及温度下页岩的力学参数，结果如图 4.1 所示。结果表明，在低温低围压条件下，页岩破坏前表现为弹性变形；在高温高围压条件下，页岩破坏前塑性阶段增加，非线性变形特征显著。基于能量耗散的脆性评价方法计算可得，在高温高压条件下，裂纹扩展过程中能量耗散更多，岩石脆性显著降低(4#~6#试样的平均脆性指数为 1#~3#试样平均脆性指数的 0.51 倍)。采用巴西劈裂法试验测试岩石基质和层理的抗拉强度，测试结果显示基质的平均抗拉强度为 13.17MPa，层理面的平均抗拉强度为 1.23MPa。

试验模拟了加砂压裂和不加砂压裂两种情况。不加砂压裂指的是将单一流体从井筒注入岩石，致裂岩石并驱动裂缝扩展的过程。加砂压裂则分为两个注入阶段：第一阶段与不加砂压裂过程一样，即采用单一流体压裂岩石。第一阶段结束后停泵，向井筒内加入一定量支撑剂，开泵注入流体，与支撑剂混合形成携砂溶液后进行第二阶段压裂。本研究中，第二阶段与第一阶段的流体黏度和注入排量相同。支撑剂采用 100 目石英砂，加入量为 15g。在每组试验中均采用 3mPa·s 低黏滑溜水溶液作为压裂液，并在压裂液中添加荧光粉示踪裂缝。本试验设置 12mL/min、30mL/min 和 40mL/min 的注入速率，以模拟现场不同施工排量。试验中地应力设置考虑正断层和走滑断层，以模拟现场不同构造下的储层环境。其具体试验参数如表 4.1 所示。

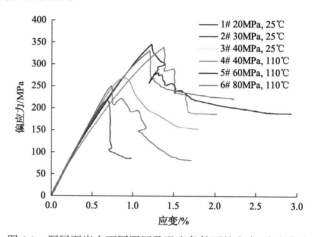

图 4.1 深层页岩在不同围压及温度条件下的应力-应变曲线

表 4.1 深层页岩水力压裂试验参数

编号	地应力/MPa			垂向应力系数 (K_V)	黏度 /(mPa·s)	注入速率 /(mL/min)	是否添加支撑剂	破裂压力 /MPa	压力降 /MPa	试验结果
	σ_V	σ_H	σ_h							
1#	22	25	19	0.15	3	40	否	43.32	41.01	水平缝
2#	22	25	16	0.375	3	40	否	50.43	41.58	水平缝
3#	25	20	3	7.3	3	30	否	13.69	9.09	横切缝
4#	25	20	13	0.92	3	30	否	18.99	10.59	横切缝
5#	25	20	8	2.125	3	30	否	44.45	7.61	多侧向台阶状缝网
6#	22	25	20	0.1	3	12	是	48.2	6.355	伴随天然张开的台阶状复杂缝
7#	22	25	15	0.47	3	12	是	43.05	42.91	多侧向台阶状裂缝网络

4.1.2　试验结果与分析

1. 裂缝形态

试样压后裂缝形态如图 4.2 所示。在图 4.2 各试样左侧的破裂特征示意图中，蓝色面表示张开的层理面（bedding plane，BP），红色面表示垂直井筒的横切水力裂缝（transverse hydraulic fracture，THF）或台阶状水力裂缝（step-shape hydraulic fracture，SSHF），黄色面表示激活的天然裂缝（natural fracture，NF），绿色面表示次级裂缝（second hydraulic fracture，SHF）。试验结果表明，地应力状态并非是决定水力裂缝起裂与扩展形态的唯一因素。受层理及天然裂缝等弱胶结构面影响，深层页岩压后呈现出复杂的裂缝形态。水力裂缝遇弱面时，可发生穿透、停止或转向等扩展形式。根据试验后垂向上水力裂缝与层理和天然裂缝的沟通情况，深层页岩水力裂缝在垂向上的扩展形态分为 4 种类型（图 4.3）。

（1）水平缝。如图 4.2 所示，1#试样、2#试样沿着层理面起裂扩展，形成的主裂缝面与井筒轴线平行并与垂向应力垂直。观察试样压后的裂缝面可知，水力裂缝沿层理面扩展形成的水平缝为平面型。

（2）横切缝。3#试样、4#试样沿着垂直井筒轴线方向起裂并扩展，形成主裂缝面与层理面及最小水平主应力垂直的单一横切缝。这些横切缝垂直穿透层理面，形成的主裂缝也为平面型。

（3）伴随天然裂缝张开的台阶状复杂缝。受弱胶结层理影响，主水力裂缝不断转向层理面扩展，继而转向沿垂直井筒轴线方向（5#和 6#试样），形成的主裂缝呈台阶状。主裂缝扩展过程中可激活附近层理面或者天然裂缝（5#和 6#试样），形成天然裂缝激活的台阶状复杂裂缝。

（4）多侧向台阶状裂缝网络。相比于第 3 种裂缝类型，水力裂缝在沿层理扩展过程中，可在层理面不同位置同时产生多条平行的次级横切缝（5#和 7#试样），形成多侧向台阶状裂缝网络。

浅层龙马溪组页岩水力裂缝在垂向上呈鱼骨刺状。由于浅层页岩受到的构造挤压作用小，层理及天然裂缝的胶结强度较高，且多处于填充状态，水力裂缝一般会先垂直穿透这些天然弱结构面，后期由于压裂液渗滤作用再激活这些弱面。然而，由于深层页岩受到的构造挤压作用剧烈，因此层理的胶结强度极低。本研究试验结果发现，即使在高垂向应力差异系数情况下（5#试样），水力裂缝也会先沿层理面扩展，后在地应力作用下转向，最终形成台阶状的非平面裂缝。相比浅层页岩压后裂缝形态，深层页岩主水力裂缝不断转向，降低了裂缝宽度，增加了裂缝延伸难度。这也为目前油田现场深层压裂施工缝高偏小、施工压力偏高及支撑剂泵入困难提供了科学解释。

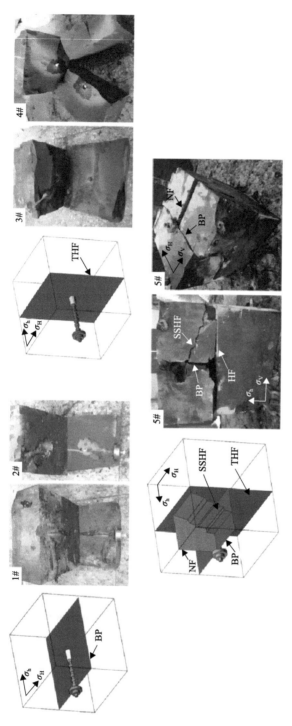

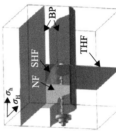

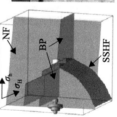

图 4.2 深层页岩典型试样压后裂缝形态

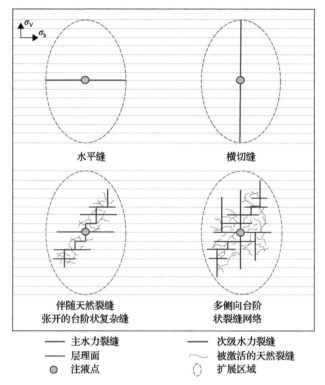

图 4.3　深层页岩水力裂缝垂向扩展形态分类

2. 泵压曲线响应

各试样的泵压曲线如图 4.4 所示。压裂过程中，随着压裂液的持续注入，井筒内憋压压力不断升高，当达到试样的破裂压力时，压力突然下降。随后，压裂液不断驱动裂缝稳定向前扩展。扩展过程中，压力曲线的波动与水力裂缝沟通天然裂缝有关。另外，岩石的破裂压力通常会高于裂缝扩展压力。

根据上述观察的 4 种典型裂缝类型，可以得到 3 类水力裂缝起裂扩展时的压力响应特征(图 4.4)。

(1)单一水平缝起裂及扩展模式。水力裂缝需要克服垂向应力，导致岩石的破裂压力高。当岩石发生初始破裂时，井筒内高压会促进水力裂缝快速贯通整个弱胶结层理面，导致缝内压力降急剧增大。结果表明，试样 1#、试样 2#的平均破裂压力及平均压力降分别为 46.88MPa 与 41.3MPa。

(2)单一横切缝起裂及扩展模式。水力裂缝沿垂直最小地应力方向起裂并延伸，岩石的破裂压力低，压力降小。试样 3#、试样 4#的平均破裂压力及平均压力降分别为 16.34MPa 与 9.84MPa。

(3)多裂缝起裂与扩展模式。由于多裂缝共同分配水力能量，且增大了缝内摩

阻，导致岩石的破裂压力高，压力降小。试样 5#的破裂压力及压力降为 44.45MPa
与 7.61MPa。

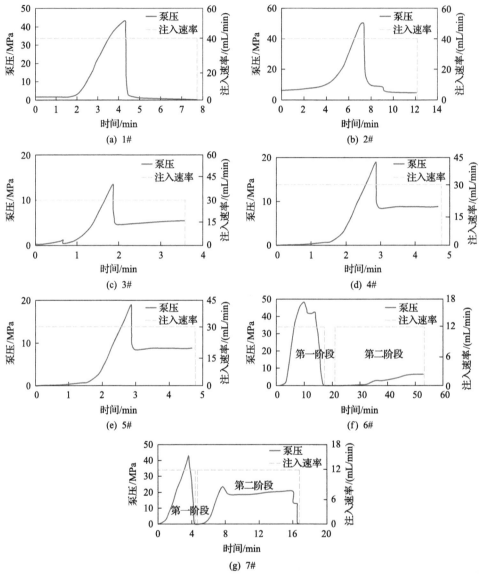

图 4.4　各试样的泵压曲线

根据上述压力响应特征分析结果，可以判断试验中两块加砂压裂的试样，即
试样 6#、试样 7#在第一阶段水力裂缝的起裂扩展类型。试样 6#的破裂压力高
（48.2MPa）、压力降低（6.355MPa），符合多裂缝同时起裂扩展特征。观察试样 6#
压后裂缝形态(图 4.2)，发现裸眼段处有 3 条水力裂缝（包括一条横切缝、层理缝

和天然裂缝），可以判断这些多裂缝均为第一阶段产生。试样 7#的破裂压力及压力降均很高（分别为 43.05MPa 和 42.91MPa），压裂曲线显示几乎无裂缝稳定扩展时间（图 4.4），因此符合沿层理缝起裂扩展特征。观察试样 7#压后裂缝形态（图 4.2），裸眼段处存在多条水力裂缝，包括一条完全张开的层理缝、一条横切缝及多条次级裂缝。结合特征压力分析可知，在第一阶段仅产生层理缝，其余水力裂缝为第二阶段产生。在随后的小节中将对加砂压裂过程进行详细分析。

4.1.3　缝网扩展类型评价

1. 加砂压裂的影响

对试样 6#和试样 7#进行加砂模拟，研究支撑剂在裂缝中的运移规律及其对水力裂缝几何形状的影响，结果如图 4.2 和图 4.5 所示。

图 4.5　试样 6#和试样 7#压后裂缝形态

对试样 6#而言，近井筒发育一条高角度天然裂缝。在第二阶段，井筒内增压缓慢（图 4.4），上升至 6MPa 时观察到压裂液沿试样端面溢出。这表明第二阶段压裂液主要沿第一阶段形成的多裂缝通道流动，无新的裂缝产生。受近井筒天然裂缝影响，支撑剂主要沿天然裂缝面运移，在天然裂缝面上呈椭圆状分布，最远距离井筒 10.3cm，如图 4.5 所示。作为对比，试样 7#近井筒无天然裂缝。由前面的压力分析结果可知，在第一阶段主要张开层理缝。在第二阶段，随着支撑剂的注入，大部分支撑剂在井筒内堆积，并对初始张开的层理面进行封堵，导致井筒内再次增压。压力曲线显示增至 20.41MPa（图 4.4），岩石产生新的破裂。结合前面的压力响应特征分析，该破裂符合横切缝的破裂特征。从试样压后裂缝形态可以观察到近井筒处形成的横切缝(图 4.2 和图 4.5)。同时，在近井筒附近沿层理面方向产生多条次级裂缝，这与第二阶段岩石破裂后压力继续升高有关。结果显示支撑剂主要分布在横切面上，呈椭圆状，最远距离井筒 5.1cm(图 4.5)。

从上述的分析可知，支撑剂在裂缝内的运移距离非常有限，大部分堆积在井筒底部(图 4.5)，这与现场微地震监测结果一致。结果表明，深层页岩压裂后裂缝形态复杂，裂缝缝宽小，支撑剂容易在井筒底部堆积，并对已压裂缝进行封堵，导致近井筒附近产生次生裂缝，从而增大了近井筒裂缝复杂程度，阻碍了支撑剂运移。另外，当近井筒附近发育大开度天然裂缝时，支撑剂容易沿天然裂缝运移，导致主裂缝无法有效支撑而发生闭合，从而影响最终压裂效果。

2. 层理和地应力的影响

大量研究表明，地应力与层理面性质是决定水力裂缝在垂向上复杂程度的最关键因素，由此得到了水力裂缝与不同产状的天然裂缝穿透判别准则。本研究中，水力裂缝与层理面的作用是正交的，这里选择水力裂缝与正交天然裂缝相互作用的 Renshaw 等准则，综合研究垂向应力差异系数与层理面摩擦系数对水力裂缝垂向扩展的影响。基于 Renshaw 等准则，水力裂缝垂直穿透层理面的临界条件为(规定压应力为正)

$$\frac{\sigma_V}{\sigma_h - T_0} = \frac{0.35 + \dfrac{0.35}{\mu_0}}{1.06} \tag{4.1}$$

式中，σ_V 为垂向应力，MPa；σ_h 为水平最小地应力，MPa；T_0 为页岩基质抗拉强度；μ_0 为层理面摩擦系数的临界值。

通过本研究中的试验参数，可以计算出层理面临界摩擦系数，计算结果如表 4.2 所示。

表 4.2　试验计算结果

试样	σ_V /MPa	σ_h /MPa	K_V /MPa	T_0/MPa	μ_0
1#	22	19	0.15	13.17	0.93
2#	22	16	0.375	13.17	0.78
3#	25	3	7.3	13.17	0.27
4#	25	13	0.92	13.17	0.53
5#	25	8	2.125	13.17	0.39
6#	22	20	0.1	13.17	0.99
7#	22	15	0.47	13.17	0.73

临界摩擦系数与垂向应力差异系数的关系如图 4.6 所示。结果表明，层理面临界摩擦系数与垂向应力差异系数呈负相关关系。垂向应力差异较小时，也只有在临界摩擦系数较小的情况下，水力裂缝才能穿透层理面。深层页岩地层在后沉岩阶段受构造运动影响，储层处于走滑应力或者逆断层应力状态，层理面处于半充填或未充填状态。因此，垂向应力差异系数与层理面的摩擦系数均非常小，特别是在逆断层应力状态下，垂向应力系数为负数。因此，对于深层页岩储层压裂而言，水力裂缝在缝高延伸过程中往往易转向沿层理面扩展，最终形成多侧向阶梯状缝网的裂缝类型。

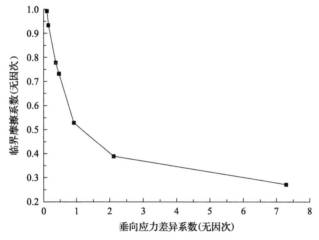

图 4.6　临界摩擦系数与垂向应力差异系数的关系

基于上述试验分析结果，综合考虑层理胶结性质与地应力的影响，根据水力裂缝在纵向剖面的纵横向扩展范围，提出 3 种水力裂缝在垂向上的裂缝网络类型，如图 4.7 所示。

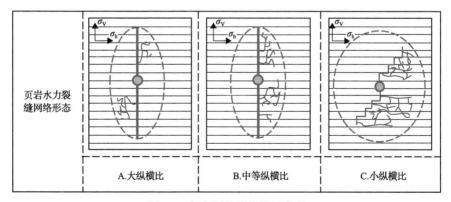

图 4.7　复杂裂缝网络扩展类型

类型 A：大纵横比。对这种裂缝网络类型，主水力裂缝笔直，主缝长度长，宽度大；分支裂缝少，仅激活少量天然裂缝。形成这种裂缝网络类型的条件是层理胶结强度高或层理面胶结强度低，且垂向应力差异系数极高。对应的地层是未受构造挤压的浅层页岩或者具有极高垂向应力的超深层页岩储层。

类型 B：中等纵横比。对这种裂缝网络类型，主水力裂缝笔直，主缝长度较长，宽度较大；分支裂缝较多。形成这种裂缝网络类型的条件是层理面胶结强度适中，且垂向应力差异系数适中。对应的地层是受轻微构造挤压的浅层页岩储层。前期研究中，浅层页岩形成的鱼骨刺状裂缝网络属于该类。

类型 C：小纵横比。对这种裂缝网络类型，主水力裂缝易转向、分叉，延伸长度短，裂缝宽度小；分支裂缝多，层理缝及天然裂缝大量被激活。形成这种裂缝网络类型的条件是层理面胶结强度弱，且垂向应力差异系数低。对应的地层是受强烈构造挤压的深层页岩储层。本研究得到的台阶状裂缝网络属于该类。

通过试验研究总结了深层页岩垂向扩展的 4 种典型裂缝类型，包括水平缝、横切缝、伴随天然裂缝张开的台阶状复杂缝及多侧向台阶状裂缝网络。放大到现场无限大地层时，垂向裂缝形态多为多侧向台阶状裂缝网络。这种复杂的裂缝形态，再加上深层页岩高闭合应力，导致裂缝迂曲度增加，裂缝缝宽变小，从而严重制约了支撑剂在裂缝内的运移。为了预防施工过程中裂缝端部脱砂，需要简化主裂缝形态，特别是降低近井筒裂缝复杂程度。可以对施工参数进行优化，如在压裂初始阶段通过提高液体黏度和排量，增加裂缝穿透弱结构面概率，减少分支缝的产生；也可向地层内注入少量酸液，通过酸压反应提高近井筒主裂缝的宽度。

受后沉积时期构造运动影响，深层页岩压裂时极易沿弱胶结层理转向或者分叉，水力裂缝形态与中浅层页岩裂缝形态具有显著差异。中浅层页岩呈单一主裂缝加分支多裂缝的鱼骨刺裂缝形态，深层页岩呈以阶梯状为主裂缝的多侧向台阶状缝网。主裂缝的转向与分叉增加了水平展布，导致缝高的延伸距离短。因此，若采用传统二维等缝高模型进行深层页岩水平井分段压裂设计，将具有很大的局限性和预测误差。

本节还分析了 3 种水力裂缝起裂及扩展时泵压曲线响应特征，包括水平缝、横切缝及多裂缝。由此得到的结论可为现场施工提供一种辅助判断手段，实时掌握裂缝扩展情况，针对突发事故及时调整施工方案，降低施工风险。

由试验结果可知，深层页岩储层加砂压裂对水力裂缝扩展形态的影响显著，容易在近井筒堆积，并诱导产生多裂缝，导致过早脱砂。现场可采用梯度加砂方法，先采用小粒径支撑剂打磨射孔孔眼及主裂缝，以降低支撑剂运移阻力；随后注入大粒径支撑剂。另外，采用多次铺砂或者通道压裂等工艺技术也可以提高支撑剂运移距离和裂缝导流能力。最后，近井筒发育的天然裂缝可改变裂缝形态及支撑剂运移路径，应该尽量避免在天然裂缝发育的层段进行压裂施工，提高压裂效果。

4.2　页岩油多甜点穿层扩展

4.2.1　井下岩心包裹制备方法

濮 156 井位于东濮凹陷南部，钻探深度 3707m，目标层位为沙三段下亚段。试验取濮 156 井 3400～3660m 深度的 6 块页岩油储层岩心 (图 4.8)，进行页岩油储层水力压裂物理模拟试验。1#～6#岩心取心深度依次为 3420m、3422m、3424m、3656m、3659m、3663m，3#～6#岩心所在层位 TOC 值、R_o 值等均达到有利页岩层系标准。1#和 2#岩心不发育天然裂缝，仅有厚 1～2mm 的黑色条带状薄夹层；3#岩心层理明显，且层间胶结弱；4#、6#岩心天然裂缝不明显；5#岩心中存在一组方解石充填的高角度缝，裂缝宽度约 0.5mm。

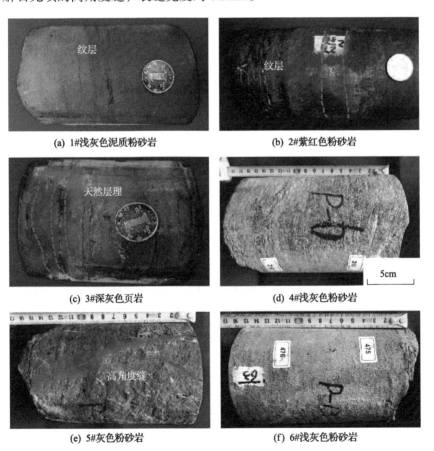

(a) 1#浅灰色泥质粉砂岩　　　　　　　(b) 2#紫红色粉砂岩

(c) 3#深灰色页岩　　　　　　　　　　(d) 4#浅灰色粉砂岩

(e) 5#灰色粉砂岩　　　　　　　　　　(f) 6#浅灰色粉砂岩

图 4.8　濮 156 井沙三段下亚段页岩油储层岩心照片

将全直径岩心用混凝土包裹成 30cm×30cm×30cm 的试样，浇筑过程保持岩心在试样中间(图 4.9)，静置 48h 后从试样表面向下钻孔 15cm，钻至岩心中间位置，再采用环氧树脂胶固井。利用真三轴压裂系统开展水力压裂物理模拟试验。

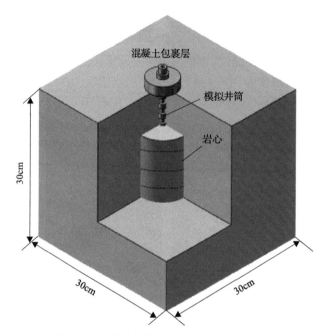

图 4.9　页岩油储层全直径岩心包裹示意图

采用与 3#～6#岩心具有相近深度的样品进行凯塞尔试验，试验结果如表 4.3 所示。将两组凯塞尔试验结果取平均值，基于相似准则计算得到室内试验三向应力[6]为：上覆应力 38.3MPa，水平最大主应力 37.1MPa，水平最小主应力 32.4MPa。通过相似比例系数及单值条件量构成的相似准则条件[6]，确定三轴物理模拟试验的排量分别为 35mm³/min(对应现场排量 4.5m³/min)和 50mm³/min(对应现场排量 6.7m³/min)；压裂液黏度分别为 3mPa·s 和 10mPa·s。沿井筒方向施加上覆地应力，以模拟直井压裂。试验时采用滑溜水压裂液体系，添加荧光剂示踪。真三轴压裂试验参数及试验结果如表 4.4 所示。

表 4.3　凯塞尔试验结果

岩性	深度/m	围压/MPa	水平最大主应力/MPa	水平最小主应力/MPa
深灰色粉砂岩	3655.3	36	76.46	65.63
浅灰色粉砂岩	3661.5	36	77.80	65.63

表 4.4　页岩油储层真三轴压裂试验参数及试验结果

岩心编号	排量/(mm³/min)	压裂液黏度/(mPa·s)	压后水力裂缝形态
1#	35	10	"十"字形
2#	35	3	"十"字形
3#	35	3	阶梯形
4#	50	3	"十"字形
5#	35	3	"一"字形
6#	50	10	"十"字形

4.2.2　试验结果与分析

1. 页岩油储层岩心典型水力裂缝形态

压裂物理模拟试验后观察试样中的岩心，发现岩心中水力裂缝根据形态主要划分为"十"字缝、阶梯缝和"一"字缝，3 种裂缝形态依次对应的岩心为无高角度缝砂岩、页岩、含高角度缝砂岩(图 4.10)。2#紫红色粉砂岩中有 2 条纹层[图 4.10(a)]，水力裂缝沿最大水平主应力方向起裂，纵向扩展时穿透 2 条纹层，并在第 2 条纹层转向，形成"十"字缝。3#深灰色页岩中水平层理明显，水力裂缝沿水平最大主应力方向起裂，纵向穿透 2 条页岩层理后被阻碍，转向第 3 条层理，形成阶梯缝，可见 3#页岩中水力裂缝纵向延伸明显受到层理限制。5#灰色粉砂岩中发育一组方解石充填的高角度缝，压裂液沿高角度缝漏失，水力裂缝主要沿高角度缝扩展，形成"一"字缝。

　(a) "十"字缝　　　　　　(b) 阶梯缝　　　　　　　　(c) "一"字缝

图 4.10　结构面影响下的水力裂缝形态(红色虚线代表结构面，黄色虚线代表人工裂缝)

不同岩性及天然裂缝形态导致页岩油储层不同层的水力裂缝有明显差异。无天然裂缝的砂岩层中水力裂缝呈"十"字形，层理明显的页岩层中水力裂缝呈阶梯形，天然裂缝发育的砂岩层中水力裂缝呈"一"字形；砂岩中水力裂缝在纵向上呈条带状延伸（如 2#岩心），页岩中水力裂缝易受层理诱导横向扩展（如3#岩心）。

从泵压曲线可以看出（图 4.11），2#岩心较致密，水力裂缝起裂困难，破裂压力最高为 13.7MPa，曲线在 2.5min 处有一次明显的波动，说明裂缝延伸受到了纹层的阻碍。5#岩心中高角度缝为压裂液泄流提供了通道，破裂压力降低至 8.8MPa，裂缝起裂后曲线平缓，表明水力裂缝延伸过程未受明显阻碍，只形成一条沿高角度缝的主裂缝。3#岩心层理胶结弱，水力裂缝容易开启层理，破裂压力最小（7.1MPa），曲线分别在 4.8min 和 5.6min 时出现了波动，对应水力裂缝纵向扩展时两次受到页岩层理的阻碍。由试验结果可知，东濮凹陷沙三段下亚段页岩油储层致密砂岩、裂缝型砂岩、页岩的破裂压力依次减小。

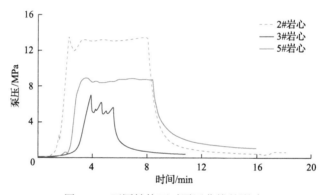

图 4.11 不同结构面对泵压曲线的影响

2. 压裂液黏度及排量对水力裂缝的影响

由于页岩油储层渗透率低、非均质性强，因此压裂液黏度及排量均会对水力裂缝形态造成影响。2#岩心和 4#岩心均为致密砂岩，分别采用较低排量（35mm³/min）和较高排量（50mm³/min）压裂。2#岩心中水力裂缝沿最大主应力方向起裂，穿透并开启·条水平纹层，形成"十"字缝；4#岩心中水力裂缝在井周沿最大主应力和最小主应力两个方向起裂，其中最大主应力方向的主裂缝穿越并开启了一条纹层，形成 3 条交叉的水力裂缝（4#砂岩形成了 3 条交叉的水力裂缝，但是仍将其视为"十"字缝，只不过形态更为复杂），与 2#岩心相比水力裂缝形态在大排量作用下更复杂。从泵压曲线（图 4.12）来看，4#岩心的破裂压力（13.8MPa）稍大于 2#岩心（13.5MPa）。2#岩心在 2.5min 时再次憋压，对应水力裂缝遇到纹层受阻；4#岩心泵压曲线在 3.1min 与 5.9min 时出现明显降幅，对应水力裂缝起裂与沟通水平纹层的过程。

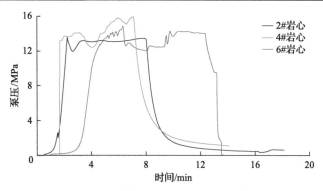

图 4.12　压裂液黏度对泵压曲线的影响

　　4#岩心与 6#岩心均为致密砂岩，分别采用低黏(3mPa·s)和高黏(10mPa·s)滑溜水压裂。6#岩心中水力裂缝沿最大主应力方向起裂，垂向穿透纹层，形成"十"字缝；而 4#岩心中形成了 3 条交叉的水力裂缝，水力裂缝形态更复杂(图 4.13)。从泵压曲线可以看出，6#岩心破裂压力为 14.5MPa，在 9.2min 再次憋压，对应水力裂缝开启纹层。

图 4.13　不同压裂液参数影响下的水力裂缝形态(红色虚线代表结构面，黄色虚线代表人工)

4.3　含煤岩系穿层致裂扩展

　　中国临兴-神府地区砂煤交互储层具有纵向上多层叠置、多气共存、单层开发难度大等特点，综合开采这两类非常规资源对保护天然气资源和降本增效有重要意义。为实现两种差异性产气层的组合开发，必须促使水力裂缝在纵向上有效连通不同产层，并在煤层中沟通煤岩割理等天然弱面系统，以获得最大程度的缝网展布。

4.3.1 多岩性组合制备方法

采用高温高压 GCTS 先对砂岩和煤岩岩石力学参数进行测试, 在 15MPa 围压条件下, 利用三轴试验测得岩石力学参数: 煤岩抗压强度 98.6MPa, 弹性模量 4.39GPa, 泊松比 0.26; 致密砂岩抗压强度 162.8MPa, 弹性模量 12.3GPa, 泊松比 0.17。

试验中致密砂岩与煤岩的组合方式有 3 层和 5 层两种, 两者制作方法相同, 下面仅以 5 层分层试件的制备方法为例进行描述。其具体制备流程(图 4.14)如下。

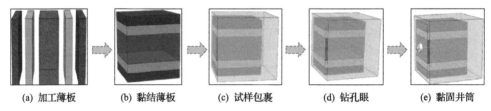

| (a) 加工薄板 | (b) 黏结薄板 | (c) 试样包裹 | (d) 钻孔眼 | (e) 黏固井筒 |

图 4.14 试样准备流程

(1)采用线切割加工技术, 将不规则的砂岩、煤岩露头加工成尺寸为 5cm× 30cm×30cm、10cm×30cm×30cm 或 15cm×30cm×30cm 的长方体薄板。需要注意的是, 在煤岩加工过程中应使层理面平行于长方体的宽面, 从而保证垂直于层理面施加垂向应力。

(2)采用环氧树脂将砂岩薄板与煤岩薄板黏结, 组成尺寸为 35cm×30cm× 30cm 的块体。

(3)将黏结好的立方块置于特制模具中心, 用混凝土将黏结好的立方块均匀浇筑成 40cm×40cm×40cm 的模拟试样。需要注意的是, 浇筑前需要采用保鲜膜对煤岩进行包裹, 防止煤岩遇见水泥发生膨胀。

(4)在空气中养护一个月, 待混凝土完全凝固, 利用直径为 2cm、长度为 20cm 的空心钻头在试样表面沿平行于宽面方向钻取长度为 16cm 的沉孔, 模拟孔眼。

(5)采用高强度胶结剂将内径为 0.6cm、外径为 1.6cm、长度为 12cm 的钢制井筒固结于孔眼中, 井筒下方预留 4cm 作为裸眼段。

试验过程中, 沿着孔眼方向施加最大水平地应力, 垂直层理面方向施加垂向压力, 平行层理的水平方向施加最小水平地应力(图 4.15)。为便于在试验结束后观察水力裂缝扩展的几何形态, 选择荧光粉作为裂缝示踪剂, 以获得最佳的示踪效果。

试验参数如表 4.5 所示。试验中试样 1#~3#为 3 层的分层介质, 试样 4#~5# 为 5 层的分层介质。所有试样施加的三向应力均相同: 上覆应力为 27MPa, 水平最大应力为 22MPa, 水平最小应力为 16MPa。

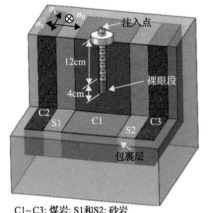
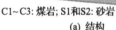

C1~C3: 煤岩; S1和S2: 砂岩

(a) 结构

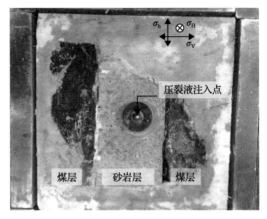

(b) 实物

图 4.15　物理模拟试样

表 4.5　试验参数

试样编号	岩样组合方式	注入点位置	排量/(mL/min)	黏度/(mPa·s)
1#	S1-C1-S2	煤层	10	3
2#	S3-C2-S4	致密砂岩层	30	16.5
3#	C3-S5-C4	致密砂岩层	10	16.5
4#	C5-S6-C-S7-C6	煤层	20	33.5
5#	C7-S8-C-S9-C8	煤层	20	3
6#	S11-C9-S10-C10-S12	致密砂岩层	20	3
7#	S14-C11-S13-C12-S15	致密砂岩层	20	16.5

注: 岩样组合中, C 代表煤样, S 代表致密砂岩, 数字字样代表样块序号。

4.3.2　试验结果与分析

试验结束后, 沿着裂缝面将试件劈裂, 观察水力裂缝的起裂及扩展形态。压后裂缝形态如图 4.16 所示。试验结果表明, 从煤岩中起裂时水力裂缝形态与从砂岩中起裂时明显不同。从砂岩层中起裂时一般形成垂直于最小水平地应力方向的简单缝; 从煤岩层中起裂时, 受煤岩割理等天然弱面影响易形成复杂多裂缝。

1. 沿煤岩层起裂

当起裂点位于煤层中时, 水力裂缝起裂及扩展形态表现出以下 3 种形式。

(1)沿天然裂缝起裂并扩展, 扩展过程中局部转向产生次级缝(图 4.16 中的 1#试样、4#试样)。1#试样煤岩中发育一条斜向天然裂缝, 水力裂缝沿天然裂缝起裂,扩展过程中在地应力作用下局部转向，但始终限制于煤层内扩展，未能延伸至砂岩层。4#试样煤岩中在纵向上存在一条大开度的天然裂缝，水力裂缝沿该天然裂缝起裂并扩展，延伸过程中压裂液沿煤岩割理充分滤失，形成复杂的裂缝形态，水力裂缝最终未穿透交界面。

图 4.16　压后裂缝形态

起裂点位于煤层；(1)表示压前形态，(2)表示压后形态；MHF 表示主水力裂缝

（2）沿垂直于最小水平地应力方向起裂并扩展（图 4.16 中的 2#试样）。2#试样煤岩相对完整，表面无明显裂隙，在高排量条件下穿透砂岩层，形成单一主裂缝。由于煤岩强度低、脆且易碎，因此在近井筒周围出现掉块现象，主裂缝面粗糙不平。

（3）沿多裂缝同时起裂并扩展（图 4.16 中的 5#试样）。5#试样层理发育，压裂后近井筒水力裂缝扩展形态复杂，在多个方向上同时扩展。其既有受地应力控制的垂直缝，也有沿层理扩展的水平缝，最终水力裂缝未穿透砂岩层。

2. 沿砂岩层起裂

当起裂点位于砂岩层中时，水力裂缝均沿着垂直于最小水平地应力方向起裂并扩展，水力裂缝垂向延伸距离与施工参数（压裂液黏度和排量）及煤岩层性质有关。试验结果如图 4.17 所示。

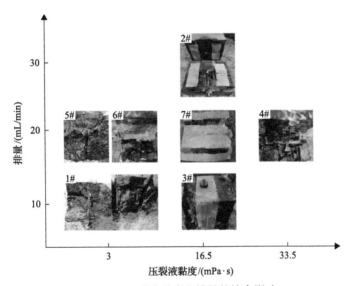

图 4.17　压裂液黏度和排量的综合影响

在低排量（10mL/min）条件下，2#试样［图 4.16（b）］在砂岩中单侧起裂，在砂岩层段裂缝形态简单，当水力裂缝扩展至砂煤交界面时，转向沿界面扩展，形成典型的 T 形裂缝。

当排量增加至 20mL/min 时，水力裂缝穿透界面沟通煤层（图 4.18 和图 4.19）。6#试样采用低黏度压裂液（3mPa·s），水力裂缝进入煤层后充分沟通煤岩层理、割理，并损失压裂液，导致水力裂缝缝高延伸受限，未能穿透顶部和底部砂岩层（图 4.18）。7#试样采用较高黏度压裂液（16.5mPa·s），在一定程度上降低了煤层中裂缝的复杂程度，最终水力裂缝穿透所有岩层（图 4.19）。

图 4.18　6#试样压后裂缝形态

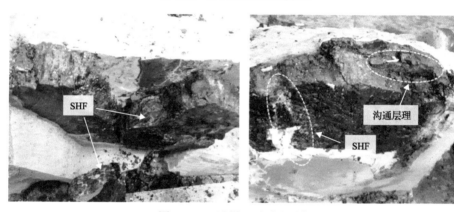

图 4.19　7#试样压后裂缝形态

试验结果表明，从煤岩中起裂时水力裂缝形态与从砂岩中起裂时明显不同，且不同参数对裂缝起裂特征及影响规律不同。受煤层割理及天然裂缝系统的影响，当起裂点位于煤层中时，水力裂缝起裂及扩展形态复杂，多裂缝共同扩展分配水力能量，降低了水力裂缝连通砂岩层的概率。然而，在相同压裂液黏度和排量条件下，相比在煤层中起裂，在砂岩层中起裂时水力裂缝的穿层概率更大。因此，在砂煤产层组组合开采过程中，建议尽量避免选择在裂缝发育的煤层内压裂施工，可选择在相邻的砂岩层中施工，提高穿层概率。若无法避免，则可以通过提高排量增加穿层的概率，但应该防止近井筒煤岩掉块及煤粉的产生，以降低施工风险。

3. 压裂液黏度及排量的影响

压裂液黏度和注入速率是压裂设计中两个重要的可控参数，对水力裂缝起裂及扩展形态具有重要影响。本研究分别设置了 3 组液体黏度和 3 组注入速率，以研究其对水力裂缝扩展的影响。试验结果表明，当压裂液黏度较低时（3mPa·s），压裂液容易沿着割理及层理面渗滤膨胀并发生剪切滑移，导致煤岩中弱结构面过渡开启，增加煤岩中裂缝的复杂程度，限制缝高的延伸(图 4.17 中试样 1#、5#、6#)。以 6#试样为例进行说明，如图 4.17 所示，水力裂缝扩展至煤层后，低黏压裂液在煤层内沿弱面充分渗滤，导致煤岩破碎程度高，水力裂缝扩展至界面时沿界面转向扩展，未能进入顶部和底部的砂岩层。相比 6#试样，7#试样中提高压裂液黏度至 16.5mPa·s 后，既能保证煤层内分支裂缝的产生，增加裂缝复杂程度；同时又可减少水力裂缝在煤层中的滤失量，较高的缝内压力促进水力裂缝沟通所有岩层，获得更长缝高。

从图 4.17 可以得到，当压裂液注入速率较小(10mL/min)时，水力裂缝容易沿着天然弱面扩展，在界面处易转向沿界面滤失，水力裂缝的穿层概率降低(图 4.17 中 1#、3#试样)。适当提高排量，能够提高缝内压力，增加裂缝的穿透效果(图 4.17 中 7#试样)。但是，过高的排量(30mL/min，2#试样)会降低压裂液的滤失作用，从而降低裂缝的复杂程度。从上述分析可知，适当的注入速率或者压裂液黏度既能满足缝高的延伸，又能促进煤层中分支裂缝的产生，增大改造体积(7#试样)。注入速率或者压裂液黏度过高或过低都不利于提高最终压裂效果。de Pater 和 Beugelsdijk[91]以压裂液黏度和排量的乘积为指数，表征裂缝性地层的改造效果，研究表明过高或过低的值均不利于储层复杂裂缝的形成，这与本研究所得结论是一致的。然而，采用高黏和较大排量的 4#试样依然限制于煤层内扩展并大量沟通煤层割理，分析认为这主要与煤岩中发育的天然裂缝和割理有关。相比于压裂液黏度、排量等施工参数而言，煤岩自身的天然弱面性质对水力裂缝扩展路径具有决定性影响。

4. 煤岩割理的影响

研究表明，除施工参数外，煤岩水力裂缝的扩展还受到层理、割理等天然弱结构面的影响。通过试验结果可以发现，天然弱面的发育程度、分布及开度对水力裂缝的起裂及扩展路径具有重要影响，受到煤岩裂隙的影响，水力裂缝具有裂缝面粗糙、扩展路径迂曲的特征。在低排量条件下，1#试样受水平向的天然裂缝影响，水力裂缝沿天然裂缝起裂并扩展，扩展过程中虽然会发生局部转向，但仍未改变整体裂缝走向。4#试样发育大开度天然裂缝和割理，压裂后压裂液沿着主水力裂缝面向割理系统渗滤，开启大量的弱结构面；相反，2#试样天然弱面不发育，水力裂缝沿垂直最小地应力方向起裂并扩展，形成单一的主裂缝。

水力裂缝与天然裂缝的逼近角对水力裂缝的扩展路径有重要影响。当水力裂缝与天然裂缝的逼近角小于 30°时，会引起水力裂缝重新定位；当逼近角在 30°~60°时，会捕获水力裂缝并引起天然裂缝剪切滑移；当逼近角大于 60°时，水力裂缝可穿透天然裂缝。然而，通过试验发现，压裂液可沿煤层中各种角度的天然弱面渗滤并相互沟通。因此，除天然弱面的角度外，天然弱面的开度及胶结强度对水力裂缝的扩展形态也具有重要影响。在压裂过程中，压裂液会沿着煤岩裂缝系统滤失，降低裂缝面的摩擦性质及胶结强度。基于交叉准则[80, 82, 85]可知，当裂缝面的摩擦系数或内聚力降低时，裂缝面将会发生剪切滑移，从而天然裂缝系统将张开或者激活。

5. 泵压曲线响应特征

图 4.20 为从不同起裂点起裂时各试样的泵压特征曲线。对比图 4.20(a) 和(b)可知，当起裂点位于砂岩层中时，岩石破裂压力要明显高于从煤层中起裂时的破裂压力。受煤岩割理及天然裂缝的影响，相比从砂岩层中起裂，当从煤岩层中起裂时，不同试件的破裂压力差异很大。

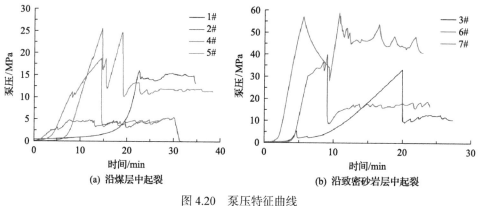

(a) 沿煤层中起裂 (b) 沿致密砂岩层中起裂

图 4.20　泵压特征曲线

由前文分析可知，当从煤层中起裂时，水力裂缝起裂及扩展形态展现为 3 种类型：沿天然裂缝起裂并扩展、沿垂直最小水平地应力方向起裂并扩展、沿多裂缝起裂并扩展。

当沿近井筒天然裂缝起裂并扩展时，压裂液主要沿着这些弱面滤失，压裂曲线表现出低破裂压力、破裂特征不明显及低延伸压力的特点(如 1#试样、4#试样)。特别是当近井筒天然裂缝开度较大时(4#试样)，破裂压力极低，压裂曲线几乎无破裂特征，在裂缝扩展过程中随着压裂液沿煤岩割理系统的滤失，压裂曲线表现出锯齿状波动特征[图 4.20(a)]。

当水力裂缝沿垂直最小水平地应力方向起裂并扩展时，由于在扩展过程中受煤岩中裂缝系统影响较小，因此形成单一主裂缝，压裂曲线具有明显的破裂特征，且扩展过程中压裂曲线波动较小(如 2#试样)。

当水力裂缝沿多裂缝起裂并扩展时，压裂曲线表现出多处压力波动特征，由于多裂缝同时扩展，共同分配了水力能量，从而增加了裂缝的延伸压力(如 5#试样)。

当从砂岩层中起裂时，水力裂缝均沿着垂直最小水平地应力方向起裂并扩展，压裂曲线具有明显的破裂特征，且破裂压力较高。在垂向扩展沟通煤层的过程中，不同煤层中裂缝发育程度及性质对压裂曲线的变化特征影响不同。相比 7#试样，6#试样煤层层理发育，压裂后 6#试样中主水力裂缝沟通大量层理面，煤岩破碎程度高，压裂曲线波动更为显著 [图 4.20(b)]。

与单一煤层压裂开采理念不同的是，在砂煤储层组合开发过程中，不仅期望在煤层内获得复杂的裂缝网络，而且还要求水力裂缝能够在纵向上充分延伸，尽可能多地沟通产气层。通过试验发现，当起裂点位于煤层中时，受煤岩弱结构面影响，容易形成多裂缝，降低了裂缝的穿层效果，同时近井筒煤岩掉块及煤粉的产生会阻碍支撑剂的移运。当起裂点位于砂岩层中时，水力裂缝几乎沿着垂直最小水平地应力起裂和扩展，近井筒裂缝形态简单，且能够获得较好的穿层效果。现场结果表明，在弹性模量较高的顶板砂岩层中射孔、压裂，形成长缝高沟通煤层，有效减少了压裂过程中煤粉的形成，避免了近井筒多裂缝的产生，压后气井产量提升效果明显。

试验结果表明，压裂液黏度和排量对水力裂缝的扩展形态及穿层效果有重要影响，合适的压裂液黏度和排量既可保证缝高延伸，又能促进煤层复杂裂缝的形成。当压裂液黏度或排量过小时，水力裂缝易沿着弱面滤失，形成多裂缝，不利于缝高延伸；当压裂液黏度或排量过高时，裂缝形态单一，降低裂缝沟通体积。在煤层气井压裂施工中，为降低高黏线性胶压裂液带来的储层伤害，常采用低黏活性水或清洁压裂液进行施工。然而，对于裂缝发育煤层而言，低黏压裂液滤失性强，易形成多裂缝，不利于主缝延伸，且携砂能力较弱，容易产生砂堵。因此，在砂煤产层组组合压裂过程中，可采用混合压裂方法，在不同注液阶段采用不同压裂液体系。在初始阶段采用高黏度液体(如清洁压裂液)，以产生宽度较大的主裂缝，降低近井筒裂缝复杂程度，提高穿层效果；随后采用可降解纤维活性水压裂液体系，提高储层改造体积，降低滤失量及促进缝高延伸，从而达到优化裂缝形态、组合开发砂煤产层组的目的。另外，由于在砂岩层中起裂时的破裂压裂较煤层高，因此需提前优化射孔参数，以降低施工难度。

本章基于真三轴水力压裂试验设备开展了层状页岩及煤系产层组两类典型储层的物理模拟试验，初步探索了多岩性组合层状储层水力裂缝扩展形态及规律，明确了影响裂缝穿层的主控因素。研究结果表明，多岩性层状储层水力裂缝在缝高上呈现强烈非对称扩展特征，缝网形态复杂。同时发现，界面胶结性质及地应力状态对水力裂缝是否穿层及缝高形态具有决定性作用。层间界面胶结性越好，越容易形成穿透胶结面的横切主裂缝；反之，越容易形成沿弱胶结面转向的水平主裂缝。针对深/浅层层状页岩及煤系产层组储层，具体得到如下结论。

1) 浅层页岩储层

(1) 浅层层状页岩在垂直剖面上展现 4 类裂缝形态: 简单裂缝、鱼骨状裂缝、伴随裂隙张开的鱼骨刺状裂缝和多分支鱼骨状裂缝网络。

(2) 水力裂缝起裂及扩展具有 5 种基本模式: 垂直于层理起裂和扩展; 沿层理起裂和扩展; 垂直于层理起裂和扩展, 并在局部沟通层理面; 沿层理起裂并扩展一定距离后, 转向沿垂直层理面方向扩展; 多条裂缝同时起裂和扩展。

(3) 形成裂缝网络的有利地应力条件: 垂向应力差约为 6MPa, 垂向应力差异系数为 0.2~0.5, 压裂液黏度和注入速度的乘积为 $3×10^{-9}$。当三向应力差异较小时, 较小的地应力对裂缝扩展路径的约束较小, 水力裂缝可沿径向随机延伸; 较大的地应力对裂缝扩展路径有较大的限制, 难以产生水力裂缝。太大的压裂液黏度和注入速率均不利于复杂裂缝的形成。

(4) 通过逐级提高注入速率, 可以提高水力裂缝在垂直剖面的裂缝复杂程度。其原理在于通过低排量沟通天然裂缝, 通过高排量增加裂缝延伸高度。

2) 深层页岩储层

(1) 深层层状页岩在垂直剖面上展现为 4 类裂缝形态: 横切缝、水平缝、伴随裂隙开启的台阶状裂缝和多分支台阶状裂缝网络。

(2) 不同水力裂缝类型具有不同的压力响应特征: ①对于单一层理缝, 破裂压力和压力降均较高; ②对于单一横切缝, 破裂压力和压力降较小; ③对于多裂缝, 破裂压力高, 压力降小。

(3) 根据水力裂缝在纵向剖面的纵横向扩展范围, 水力裂缝在垂向上展现为 3 种缝网类型: 大纵横比、中等纵横比及小纵横比。当层理发育且胶结性良好时, 容易形成大缝高的横切缝, 裂缝形态多以横切缝和鱼骨刺状缝网为主, 改造区域纵横比大; 当层理发育且胶结性较差时, 难以形成大缝高的横切主裂缝, 裂缝形态多以层理缝和台阶状缝网为主, 改造区域纵横比小。

3) 煤系产层组储层

(1) 砂岩和煤层中起裂时水力裂缝形态具有显著差异。当起裂点位于砂岩层中时, 水力裂缝形态简单, 几乎全部沿着垂直最小水平地应力方向扩展。当起裂点位于煤层中时, 裂缝起裂及扩展形态复杂, 主要展现为 3 种表现形式: ①沿天然裂缝起裂并扩展, 扩展过程中在地应力作用下局部转向产生次级裂缝; ②沿垂直于最小水平地应力方向起裂并扩展; ③多裂缝同时起裂并扩展。

(2) 施工参数(压裂液黏度、排量)对水力裂缝扩展形态及穿层效果有重要影响, 合适的压裂液黏度和排量既可保证缝高延伸, 又能促进煤层复杂裂缝的形成。当压裂液黏度或排量过小时, 水力裂缝易沿弱面滤失, 形成多裂缝, 不利于缝高延伸; 当压裂液黏度或排量过高时, 裂缝形态单一, 降低裂缝沟通体积。另外,相比于施工参数而言，煤岩自身天然弱面性质（如弱面发育程度、分布规律等）是影响裂缝扩展路径的关键因素。

（3）从砂岩和煤层中起裂时压裂曲线具有显著差异。从砂岩层中起裂时的破裂压力高于从煤岩层中起裂时的破裂压力。受煤岩中弱结构面的影响，相比从砂岩层中起裂，从煤层中起裂时破裂压力变化范围较大。压裂曲线的波动特征与水力裂缝扩展形态具有很好的相关性，主水力裂缝扩展沟通裂缝系统越充分，压力波动特征越大。

（4）在砂煤储层组合开发过程中，不仅需要在煤层内获得复杂的裂缝网络，同时要求水力裂缝能够在纵向上充分延伸，尽可能多地沟通产气层。当煤层中天然裂缝系统发育时，为提高砂煤储层组合压裂效果，可通过先压裂砂岩层的方式沟通煤岩层；同时，可在不同注液阶段采用不同压裂液体系，在初始阶段采用高黏度液体（如清洁压裂液），以产生宽度较大的主裂缝；随后采用可降解纤维活性水压裂液体系，提高储层改造体积，降低滤失量及促进缝高延伸。

第5章　岩性界面特性对裂缝形态的影响

沉积地质学中普遍将岩性的变化分为突变和渐变两种,其中岩性突变表现为层与层之间以界面接触,岩性渐变表现为层与层之间通过岩性过渡区连接。本章首先探究了岩性突变对水力裂缝穿层扩展所起的作用,多岩性组合地层作为一种典型垂向非均质性地层,其层间界面性质为水力压裂设计中不可忽略的重要因素。

内聚力单元法近年来成为研究固体材料界面性质的主流数值模拟方法,本章主要采用该方法分别探究了水力裂缝在两种岩性地层的水力裂缝扩展,在预置的水力裂缝扩展路径中嵌入一组正交的内聚力单元面。该三维模型计算方法具有高效的优点,分析了垂向应力差异系数、水平应力差异系数、界面强度等对水力裂缝穿层扩展的影响。最后以页岩气缝网压裂案例结尾,以现场数据验证了本章数值模拟结果。

5.1　黏性单元数学模型

基于室内真三轴穿层压裂物理模拟试验,揭示多岩性层状储层缝高延伸形态,发现水力裂缝是否穿透层理或岩性界面是决定缝高延伸形态及延伸极限的关键因素,但室内压裂物理模拟试验结果难以确定界面特性对缝高扩展的量化规律,需要利用理论计算方法和数值模拟方法实现水力裂缝垂向扩展行为及界面干扰的定量研究。国内外学者从理论上研究了层间应力差、缝内流体压力、储层物性差异等因素对缝高扩展的影响,但上述研究通常假设界面胶结良好或者不考虑界面摩擦滑移作用;一些学者基于数值模拟方法研究弱面影响下水力裂缝的垂向扩展规律,但上述数值模型多为简化的二维模型,忽略了缝长和缝高竞争扩展过程,导致计算的裂缝缝高远大于实际缝高,预测精度低。为此,建立三维有限元水力裂缝穿层扩展模型,探究缝高与缝长共同变化下的裂缝扩展行为,定量表征界面强度与地应力等参数对裂缝穿层扩展行为的综合影响,准确预测界面特性影响下多岩性组合层状储层水力裂缝垂向扩展规律是很有必要的。

目前可用于模拟裂缝扩展的方法众多,包括有限元法、扩展有限元法、边界元法、离散元法、相场法等。本节主要基于 ABAQUS 软件平台,采用内聚力方法模拟不同岩性组合层状岩石水力裂缝起裂扩展及与界面的交叉作用,定量研究三维空间中水力裂缝穿层扩展规律。裂缝起裂扩展行为服从刚度损伤演化规律,界面摩擦行为采用库仑摩擦准则,裂缝内流体服从达西定律。

5.1.1　流固耦合方程

岩石属于一种多孔介质，水力压裂过程中，储层流体的流动与岩石基质的变形相互作用、相互影响。一方面，由于岩石的变形导致孔隙体积及其结构发生变化，从而影响渗流场的变化(包括孔隙压力、流量等)；另一方面，孔隙压力的变化导致有效应力改变。

岩石固体骨架变形力学的平衡方程[1]为

$$\int_V (\bar{\sigma} - p_w I)\,\delta_\varepsilon \mathrm{d}V \int_S \boldsymbol{t}\cdot\boldsymbol{\delta}_v \mathrm{d}S + \int_V \boldsymbol{f}\cdot\boldsymbol{\delta}_v \mathrm{d}V \tag{5.1}$$

式中，$\bar{\sigma}$ 为有效应力矩阵，Pa；p_w 为孔隙压力，Pa；$\boldsymbol{\delta}_\varepsilon$ 为虚应变率矩阵，s^{-1}；$\boldsymbol{\delta}_v$ 为虚速度向量，m/s；$\boldsymbol{t}$ 为表面力向量，$\mathrm{N/m}^2$；$\boldsymbol{f}$ 为体力向量，$\mathrm{N/m}^3$。

流体渗流的连续性方程[2]为

$$\frac{1}{J}\frac{\partial}{\partial t}(J\rho_w n_w) + \frac{\partial}{\partial x}(\rho_w n_w v_w) = 0 \tag{5.2}$$

式中，J 为体积变化比率，无因次；ρ_w 为流体密度，$\mathrm{kg/m}^3$；n_w 为孔隙率，无因次；v_w 为流体渗流速度，m/s；x 为空间矢量，m/s。

假设流体在岩石内的流动满足达西定律，即

$$v_w = -\frac{1}{n_w g \rho_w}\boldsymbol{k}\cdot\left(\frac{\partial p_w}{\partial x} - \rho_w \boldsymbol{g}\right) \tag{5.3}$$

式中，$\boldsymbol{k}$ 为岩石渗透率张量，m/s；$\boldsymbol{g}$ 为重力加速度，$\mathrm{m/s}^2$。

5.1.2　起裂及穿层扩展准则

内聚力方法通过刚度退化的应力-位移(T-S)准则模拟水力裂缝的起裂与扩展过程，如图 5.1 所示。在裂缝起裂前，黏性单元未出现损伤，其本构关系满足线弹性变化规律，此阶段的加卸载过程是可逆的；当裂缝起裂时，黏性单元出现初始损伤，随着裂缝不断扩展，黏性单元刚度开始逐渐退化，直至单元刚度降低为 0 时，单元完全损伤。当黏性单元损伤出现后，加卸载过程不再可逆。

1. 裂缝起裂

目前常用的水力裂缝起裂准则有 4 种：最大主应力准则、二次应力准则、最大应变准则及二次应变准则。为描述水力裂缝的张剪复合破坏行为，本研究选择被广泛使用的二次应力准则。当 3 个方向的应力值与对应临界值的比值平方和为 1 时，黏性单元发生初始损伤，水力裂缝起裂开始，即

$$\left\{\frac{\langle\sigma_{\mathrm{n}}\rangle}{\sigma_{\mathrm{n}}^{\max}}\right\}^{2} + \left\{\frac{\tau_{\mathrm{s}}}{\tau_{\mathrm{s}}^{\max}}\right\}^{2}\left\{\frac{\tau_{\mathrm{t}}}{\tau_{\mathrm{t}}^{\max}}\right\}^{2} = 1 \tag{5.4}$$

式中，σ_{n} 为施加在黏性单元的法向应力，MPa；τ_{s}、τ_{t} 分别为施加在黏性单元两个方向的切应力，MPa；$\sigma_{\mathrm{n}}^{\max}$ 为黏性单元发生破坏的临界法向应力，MPa；$\tau_{\mathrm{s}}^{\max}$、$\tau_{\mathrm{t}}^{\max}$ 分别为黏性单元两个方向发生破坏的临界切向应力，MPa；符号 $\langle\ \rangle$ 表示黏性单元只能承受拉应力，压应力时不产生损伤。

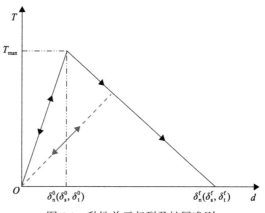

图 5.1　黏性单元起裂及扩展准则

裂缝的扩展过程采用黏性单元刚度衰减进行描述，其表达式如下：

$$
\begin{aligned}
t_{\mathrm{n}} &= \begin{cases} (1-D)\overline{t_{\mathrm{n}}}, & \overline{t_{\mathrm{n}}} \geqslant 0 \\ \overline{t_{\mathrm{n}}}, & \text{当黏聚力单元承受压应力时} \end{cases} \\
t_{\mathrm{s}} &= (1-D)\overline{t_{\mathrm{s}}} \\
t_{\mathrm{t}} &= (1-D)\overline{t_{\mathrm{t}}}
\end{aligned}
\tag{5.5}
$$

式中，$\overline{t_{\mathrm{n}}}$ 为黏性单元法向上在当前应变条件下按照未损伤阶段线弹性本构计算所得的应力值；$\overline{t_{\mathrm{s}}}$、$\overline{t_{\mathrm{t}}}$ 分别为黏性单元切线上在当前应变条件下按照未损伤阶段线弹性本构计算所得的应力值；t_{n}、t_{s}、t_{t} 分别为黏性单元法向、第一切向及第二切向受到的实际应力值。

式(5.5)中，损伤因子的表达式为

$$D = \frac{\delta^{\mathrm{f}}(\delta^{\mathrm{m}} - \delta^{0})}{\delta^{\mathrm{m}}(\delta^{\mathrm{f}} - \delta^{0})} \tag{5.6}$$

式中，δ^{0}、δ^{f} 分别为黏性单元初始损伤与损伤完成时的位移；δ^{m} 为黏性单元当

前位移。

2. 裂缝扩展

目前描述水力裂缝扩展过程的常用准则包括线性位移扩展准则、非线性位移扩展准则及能量扩展准则等。本研究选择由 Benzeggagh 和 Kenane 提出的能量准则（BK 准则）描述张剪复合型裂缝的扩展过程。该准则假设第一切向与第二切向上的能量释放率相等，即

$$G_n^C + (G_s^C - G_n^C)\left(\frac{G_s + G_t}{G_n + G_s + G_t}\right)^\eta = G^C \tag{5.7}$$

式中，G_n^C、G_s^C 分别为黏性单元法向、第一切向的临界能量释放率，N/mm；G_n、G_s、G_t 分别为黏性单元当前法向、第一切向及第二切向上的能量释放率，N/mm；G^C 为张剪复合型水力裂缝的临界能量释放率，N/mm；η 为与岩石自身性质相关的常数，无因次。

5.1.3　缝内流体流动方程

压裂液在裂缝内的流动过程包括沿着裂缝延伸方向的切向流动和垂直于裂缝面的法向流动，如图 5.2 所示。随着压裂液的持续注入，液体推动裂缝向前扩展，由于固液界面存在，液体前缘相对裂缝最前端存在一定的滞后区，也称"过程区"。根据裂缝张开宽度不同，水力裂缝缝尖划分为 3 种类型：材料缝尖、黏聚力单元缝尖及数学缝尖。水力裂缝开度等于 δ^f 的位置称为材料缝尖，裂缝开度大于 δ^f 的黏性单元完全损伤；水力裂缝开度等于 δ^0 的位置称为黏聚力单元缝尖，从材料缝尖至黏聚力单元缝尖的黏性单元均会发生损伤，且损伤程度逐渐降低；水力裂缝开度等于初始裂缝开度的位置称为数学缝尖，从黏聚力单元缝尖至数学缝尖的黏性单元均有一定程度的张开，但未达到初始损伤的临界值。

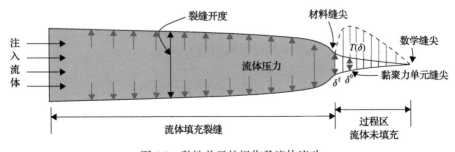

图 5.2　黏性单元的损伤及流体流动

1. 切向流动

描述压裂液在水力裂缝内的切向流动行为包括牛顿流和幂律流等。本研究中假设压裂液为不可压缩的牛顿流体，即

$$q = \frac{w^3}{12\mu} \nabla p \tag{5.8}$$

式中，q 为水力裂缝的切向流量，m^3/s；w 为水力裂缝的张开宽度，m；μ 为压裂液黏度，$Pa \cdot s$；∇p 为沿水力裂缝延伸方向的流体压力梯度，Pa/m。

2. 法向流动

水力裂缝内部的流体满足质量守恒方程，即

$$\frac{\partial w}{\partial t} + \nabla \cdot q + (q_t + q_b) = Q(t)\delta(x, y) \tag{5.9}$$

式中，$Q(t)$ 为压裂液的注入速率，m^3/s。

将式 (5.8) 和式 (5.9) 代入式 (5.10) 中，可以得到雷诺方程，即

$$\frac{\partial w}{\partial t} + c_t(p_f - p_t) + c_b(p_f - p_b) = \frac{1}{12\mu} \nabla \cdot (w^3 \nabla p_f) + Q(t)\delta(x, y) \tag{5.10}$$

式中，p_f 为"前方"或"流入"的流体的压力；p_b 为"背后"或"流出"流体的压力。

5.1.4 界面摩擦

当岩层界面受到的剪切应力达到其抗剪强度时，界面将会发生摩擦滑动。本研究采用库仑摩擦准则进行描述，即

$$|\bar{\tau}_s| = \begin{cases} \eta\sigma_n, & \eta\sigma_n < \bar{\tau}_{max} \\ \bar{\tau}_{max}, & \eta\sigma_n \geqslant \bar{\tau}_{max} \end{cases} \tag{5.11}$$

式中，$\bar{\tau}_s$ 为作用在界面的剪切应力；η 为界面摩擦系数，无因次；σ_n 为作用在界面的法向应力，Pa；$\bar{\tau}_{max}$ 为界面的临界剪切应力，Pa。

5.2 穿层扩展数值模型

在开展层状岩石的水力压裂数值模拟前，先采用基准模型进行校正，从而验证该方法的可行性。模型验证问题为单一圆盘状水力裂缝在黏性占优且不考虑滤失条件下的扩展问题，与解析解进行对比，如图 5.3 所示。

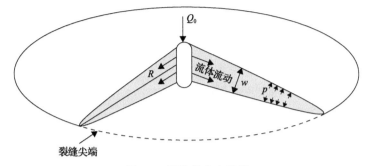

图 5.3 圆盘状水力裂缝

裂缝参数及注入压力是弹性模量 E、泊松比 ν、注入速率 Q_0、黏度 μ 及时间 t 等参数的函数。水力裂缝径向半径 $R(t)$、裂缝宽度 $w(r,t)$ 及缝内净压力 $p(r,t)$ 表达式如下：

$$w(r,t) = \varepsilon(t)L(t)\Omega[\rho,\xi(t)] \tag{5.12}$$

$$p(r,t) = \varepsilon(t)E' \Pi[\rho,\xi(t)] \tag{5.13}$$

$$R(t) = L(t)\gamma[\xi(t)] \tag{5.14}$$

且有

$$\rho = r/R(t) \; ; \quad \varepsilon(t) = \left(\frac{\mu'}{E't}\right)^{1/3} \; ; \quad L(t) = \left(\frac{E'Q_0^3 t^4}{\mu'}\right)^{1/9} \tag{5.15}$$

式中，$\xi(t)$ 为与时间相关的无因次参数；ρ 为无因次坐标，$0 \leqslant \rho \leqslant 1$；$\varepsilon(t)$ 为一无因次的小量；$L(t)$ 为裂缝长度尺度，即

$$E' = \frac{E}{1-\nu^2} \; ; \quad \mu' = 12\mu \tag{5.16}$$

同时，无因次缝长 γ、裂缝宽度 Ω 及裂缝内净压力 Π 表达式如下：

$$\gamma_{m0}^{(1)} = 0.6955 \tag{5.17}$$

$$\Omega_{m0}^{(1)} = \left[\frac{\sqrt{70}}{3}C_1^{(1)} + \frac{4\sqrt{5}}{9}C_2^{(1)}(13\rho - 6)\right](1-\rho)^{2/3} + B^{(1)}\left[\frac{8}{\pi}(1-\rho)^{1/2} - \frac{8}{\pi}\rho \arccos\rho\right] \tag{5.18}$$

$$\Pi_{m0}^{(1)} = A_1^{(1)}\left[\omega_1 - \frac{2}{3(1-\rho)^{1/3}}\right] - B^{(1)}\left(\ln\frac{\rho}{2} + 1\right) \tag{5.19}$$

式中，$A_1^{(1)} = 0.3581$；$B^{(1)} = 0.9269$；$C_1^{(1)} = 0.6846$；下标 m 表示无因次。

圆盘状水力裂缝的黏性占优扩展模式的判别标准为

$$\kappa = K' \left(\frac{t^2}{\mu'^5 Q_0^3 E'^{13}} \right)^{1/18} \tag{5.20}$$

当 $\kappa \ll 1$ 时，表示黏性占优扩展模式；当 $\kappa \gg 1$ 时，表示断裂韧性占优扩展模式。

本章节研究实验室尺度下的水力裂缝垂向扩展行为，预设模型为 1/2，在试样的中部预设水力裂缝扩展路径，如图 5.4 所示。输入参数如表 5.1 所示。

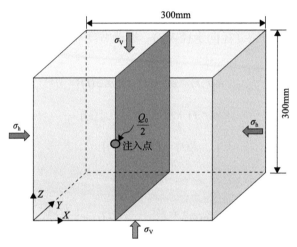

图 5.4　校验模型几何参数

表 5.1　校验模型输入参数

参数	值
弹性模量/GPa	5
泊松比	0.25
垂向地应力/MPa	5
最大水平地应力/MPa	3
最小水平地应力/MPa	1
注入速率/(m³/s)	10^{-6}
压裂液黏度/(Pa·s)	0.3
抗拉强度/MPa	0.5

如图 5.5 所示，模拟结果显示水力裂缝的径向位移为 0.0524m，裂缝的最大张开宽度为 0.104mm。图 5.6 给出了水力裂缝缝内净压力与裂缝宽度沿半径方向变

化的数值结果及解析结果。通过对比结果发现，除在缝尖存在微小差异外，数值解和解析解基本吻合，从而验证了内聚力方法模拟水力裂缝扩展的可行性。

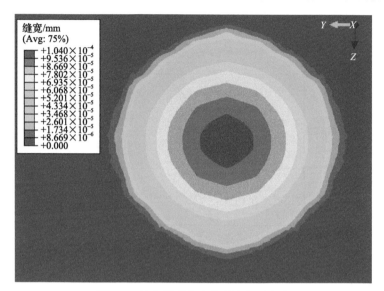

图 5.5　基准模型中水力裂缝张开宽度

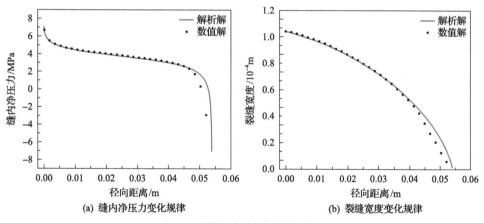

(a) 缝内净压力变化规律　　　　　　(b) 裂缝宽度变化规律

图 5.6　模拟结果与解析解对比

5.3　穿层扩展影响因素分析

5.3.1　模型建立及参数

通过上述基准模型的对比分析，开展层状储层水力裂缝穿层扩展的规律研究，研究水力裂缝与界面的交叉作用机理，定量表征界面强度和地应力综合影响下水力裂缝的垂向延伸行为。模型为实验室尺度，由上下两层组成，尺寸为 300mm×300mm×150mm，如图 5.7 所示。

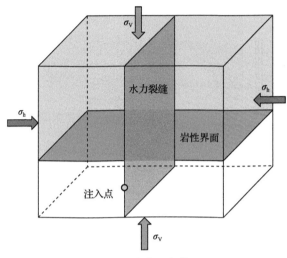

图 5.7　水力几何模型

由于模拟尺度较小，压裂时间非常短，因此可以忽略压裂液的滤失过程，具体输入参数如表 5.2 所示。在所有算例中，注入速率和压裂液黏度保持一致（注入速率为 6mL/min，黏度为 200mPa·s）。对于层状地层而言，地应力影响裂缝穿层扩展行为可归因为水平应力差系数和垂向地应力差系数，即

$$\zeta_h = (\sigma_{B,h} - \sigma_{R,h}) / \sigma_{R,h} \tag{5.21}$$

$$\zeta_V = (\sigma_V - \sigma_{R,h}) / \sigma_{R,h} \tag{5.22}$$

式中，ζ_h 为水平应力差异系数，无因次；ζ_V 为垂向应力差异系数，无因次；$\sigma_{B,h}$ 为上部隔层最小水平地应力，MPa；$\sigma_{R,h}$ 为下部储层最小水平地应力，MPa；σ_V 为垂向应力，MPa。

表 5.2　层状储层水力裂缝穿层扩展模型输入参数

储层位置	参数	值
下部储层	弹性模量/GPa	14.5
	泊松比	0.15
	垂向地应力/MPa	10~20
	最小水平地应力/MPa	10~20
	最大水平地应力/MPa	12

续表

储层位置	参数	值
下部黏性单元层	法向应力/MPa	3
	第一切向应力/MPa	30
	第二切向应力/MPa	30
	法向断裂能/(Pa·m)	100
	第一切向断裂能/(Pa·m)	3000
	第二切向断裂能/(Pa·m)	3000
上部隔层	弹性模量/GPa	34.5
	泊松比	0.2
	垂向地应力/MPa	10～20
	最大水平地应力/MPa	10～20
	最小水平地应力/MPa	12
上部黏性单元层	法向应力/MPa	6
	第一切向应力/MPa	60
	第二切向应力/MPa	60
	法向断裂能/(Pa·m)	200
	第一切向断裂能/(Pa·m)	6000
	第二切向断裂能/(Pa·m)	6000

为定量表征界面强度的影响，通过交界面与储层抗拉强度及第一或第二切向上内聚力相对大小关系，定义无因次综合界面强度，即

$$\gamma = \left(T_{\text{I}} / T_{\text{R}} + \sum_i \tau_{\text{I},i} / \tau_{\text{R},i} \right) \Big/ 3 \tag{5.23}$$

式中，T_{I} 为界面层的抗拉强度，MPa；T_{R} 为下部储层的抗拉强度，MPa；i 为表征第一和第二切向应力的指标，$i=1,2$；$\tau_{\text{I},i}$ 为界面层的第一或第二切向上的内聚力；$\tau_{\text{R},i}$ 为储层的第一或第二切向上的内聚力。

5.3.2　水力裂缝穿层扩展结果

在不同的地应力及界面强度条件下，水力裂缝与岩性界面的作用方式不同，最终展现出 3 类典型的裂缝形态：T 形缝、伴随界面滑移的钝化缝及沟通上部隔层的穿层缝，如图 5.8 所示。下面分别对 3 种裂缝形态的特征变化进行分析。

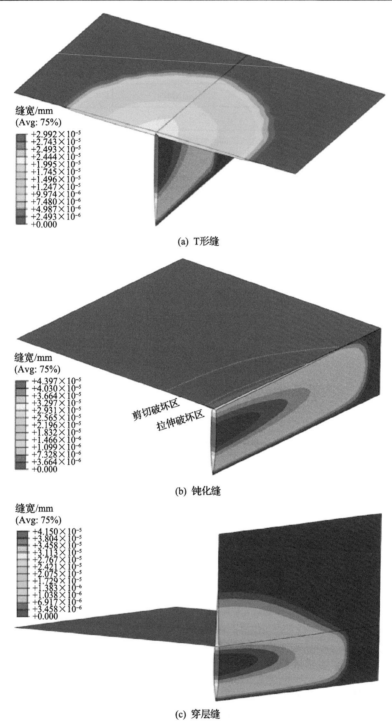

(a) T形缝

(b) 钝化缝

(c) 穿层缝

图 5.8　典型裂缝形态

1. T形缝

图 5.9 为 T 形缝演化过程，水力裂缝从下部储层中起裂扩展至岩性交界面前，呈圆盘状裂缝进行扩展；当裂缝接触界面时，缝尖逐渐钝化，缝高停止扩展，缝长逐渐向前扩展，转为 PKN 的扩展模式。当水力裂缝接触岩性界面时，界面层开始延伸，在扩展初期(1.3～5s 时)呈椭圆形扩展，长轴沿水力主裂缝缝长方向，最

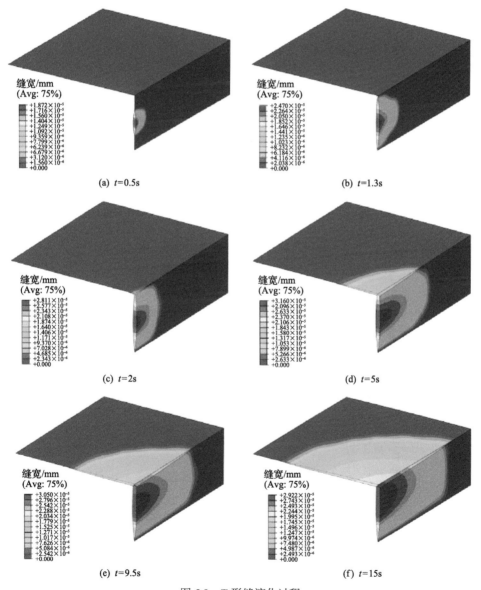

(a) t=0.5s　　　　　　　　　(b) t=1.3s

(c) t=2s　　　　　　　　　(d) t=5s

(e) t=9.5s　　　　　　　　　(f) t=15s

图 5.9　T 形缝演化过程

终转为圆形扩展模式。图 5.9 中，界面强度为 0.2，垂向应力差异系数为 0.1。

通过输出黏性单元 MMIXDMI 和 MMIXDME 的值，可以判断水力裂缝及层理面起裂和扩展过程中的破裂模式。当数值为–1 时，表示单元未发生破坏；当数值为 0～0.5 时，表示单元以拉伸破坏为主；当数值为 0.5～1 时，表示单元以剪切破坏为主。如图 5.10 中云图所示，主水力裂缝的起裂及扩展过程均表现为拉伸破坏，而界面层优先发生剪切起裂，随着压裂液的不断流入，缝内流体压力增加，黏性单元张开，逐渐转为张性破裂。

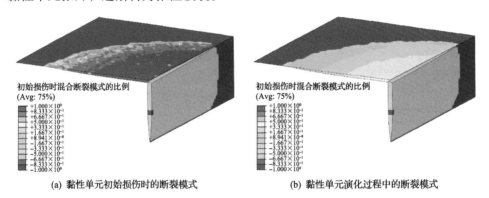

(a) 黏性单元初始损伤时的断裂模式　　　　(b) 黏性单元演化过程中的断裂模式

图 5.10　T 形缝黏性单元初始损伤及演化过程断裂模式

通过提取注入点的压力和裂缝宽度，研究 T 形缝演化过程中的压力和缝宽变化规律，如图 5.11 所示。根据裂缝的演化规律，可将水力裂缝扩展分为 4 个阶段：①储层内扩展；②缝尖遇界面层；③缝尖钝化；④水平缝扩展。在储层内扩展阶段，注入压力逐渐降低，裂缝宽度增加；在缝尖遇界面层阶段，注入压力和裂缝宽度突降；在缝尖钝化阶段，注入压力降低，缝宽升高；在水平缝扩展阶段，注入压力降低，缝宽降低。

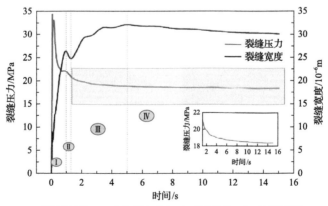

①储层内扩展　②缝尖遇界面层　③缝尖钝化　④水平缝扩展

图 5.11　T 形缝注入点压力及缝宽变化规律

2. 钝化缝

图 5.12 为钝化缝演化过程,水力裂缝从下部储层中起裂扩展至岩性交界面前,呈圆盘状裂缝进行扩展;当裂缝接触界面时,缝尖逐渐钝化,缝高停止扩展,缝长逐渐向前扩展,转为 PKN 的扩展模式。当水力裂缝接触岩性界面时,界面层开始延伸,扩展过程中始终呈椭圆形,长轴沿水力主裂缝缝长方向。图 5.12 中,界面强度为 0.1,垂向应力差异系数为 0.5。

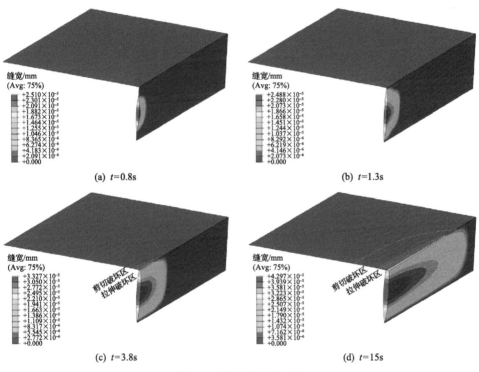

(a) $t=0.8$s

(b) $t=1.3$s

(c) $t=3.8$s

(d) $t=15$s

图 5.12　钝化缝演化过程

如图 5.13 中云图所示,主水力裂缝的起裂及扩展过程均表现为拉伸破坏,而界面层的初始破坏和演化过程中均为剪切破坏。

根据钝化缝的演化规律,也可将水力裂缝的扩展分为 4 个阶段,如图 5.14 所示:①储层内扩展;②缝尖遇界面层;③缝尖钝化;④垂直缝扩展。在储层内扩展阶段,注入压力逐渐降低,裂缝宽度增加;在缝尖遇界面层阶段,注入压力和裂缝宽度突降;在缝尖钝化阶段,注入压力降低,缝宽升高;在垂直缝扩展阶段,注入压力升高,缝宽增加。

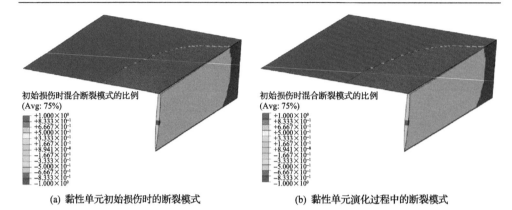

(a) 黏性单元初始损伤时的断裂模式　　　　(b) 黏性单元演化过程中的断裂模式

图 5.13　钝化缝黏性单元初始损伤及演化过程断裂模式

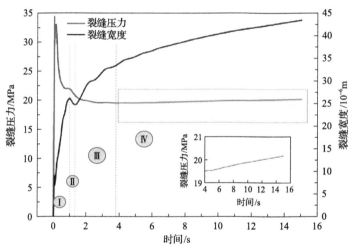

① 储层内扩展　② 缝尖遇界面层　③ 缝尖钝化　④ 垂直缝扩展

图 5.14　钝化缝注入点压力及缝宽变化规律

3. 穿层缝

图 5.15 中，界面强度为 0.3，垂向应力差异系数为 0.5。图 5.15 为穿层缝演化过程，水力裂缝从下部储层中起裂扩展至岩性交界面前，呈圆盘状裂缝进行扩展；当裂缝接触界面时，缝尖先发生钝化，缝高暂时停止扩展，随后穿透界面继续扩展。三维水力裂缝扩展至岩性界面时，裂缝缝尖会先发生钝化，随后从缝长方向上的某处再次起裂进入隔层，而并非从原始缝尖直接穿透，如图 5.16 所示。

如图 5.17 中云图所示，主水力裂缝的起裂及扩展过程均表现为拉伸破坏，而界面层几乎不发生破坏，仅少量靠近主水力裂缝的黏性单元发生破坏，且起裂及扩展均表现为剪切破坏。

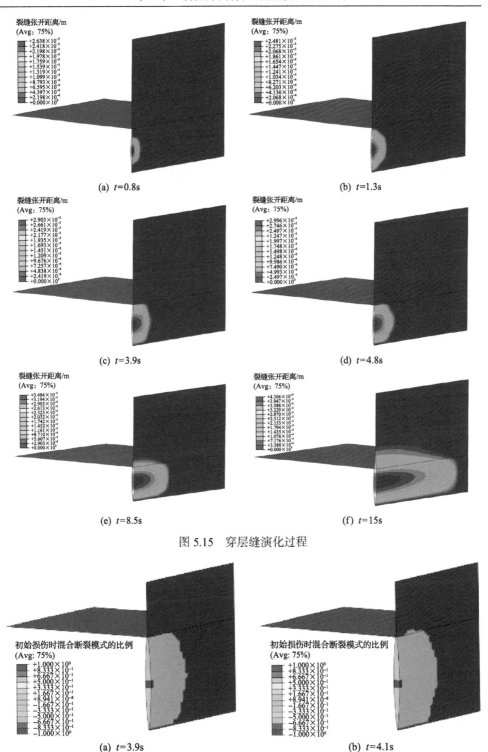

(a) $t=0.8$s

(b) $t=1.3$s

(c) $t=3.9$s

(d) $t=4.8$s

(e) $t=8.5$s

(f) $t=15$s

图 5.15　穿层缝演化过程

(a) $t=3.9$s

(b) $t=4.1$s

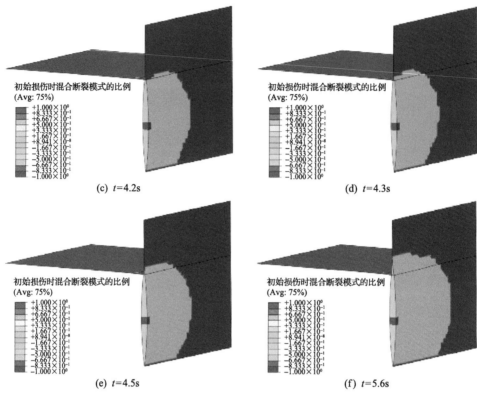

(c) t=4.2s　　　　　　　　　　　　　　　(d) t=4.3s

(e) t=4.5s　　　　　　　　　　　　　　　(f) t=5.6s

图 5.16　水力裂缝在界面处的穿透过程

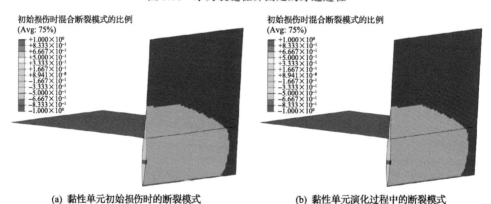

(a) 黏性单元初始损伤时的断裂模式　　　　(b) 黏性单元演化过程中的断裂模式

图 5.17　穿层缝黏性单元初始损伤及演化过程断裂模式

　　根据穿层裂缝的演化规律，也可将水力裂缝的扩展分为 4 个阶段，如图 5.18 所示：①储层内扩展；②缝尖遇界面层；③缝尖钝化；④垂直缝扩展。在储层内扩展阶段，注入压力逐渐降低，裂缝宽度增加；在缝尖遇界面层阶段，注入压力和裂缝宽度突降；在缝尖钝化阶段，注入压力降低，缝宽升高；在垂直缝扩展阶段，注入压力升高，缝宽增加。

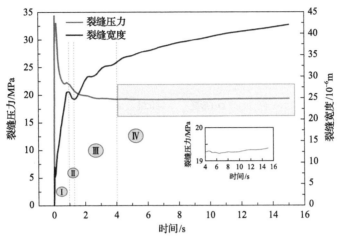

① 储层内扩展　② 缝尖遇界面层　③ 缝尖钝化　④ 垂直缝扩展

图 5.18　穿层缝注入点压力及缝宽变化规律

最后对 T 形缝、钝化缝及穿层缝这 3 种裂缝类型的注入压力、注入点裂缝宽度、水力裂缝与界面交叉特征及裂缝破坏形式进行对比分析，如表 5.3 所示。对于 T 形缝而言，在水平缝扩展过程中缝宽降低。从施工和压裂改造效果考虑，T 形缝一方面降低了储层的有效改造体积；另一方面会影响支撑剂的运移，导致提前砂堵。当水力裂缝遇到岩性界面时，3 种裂缝类型的水力裂缝均表现出缝尖钝化的特征。此外，3 种裂缝类型的主水力裂缝(垂直缝)的破裂形式均为张性破坏，界面的初始破裂形式均为剪切破坏。

表 5.3　3 种裂缝类型扩展特征对比

裂缝类型	注入压力	最大缝宽	交叉特征	垂直缝破坏形式	界面破坏形式
T 形缝	降低	降低	缝尖钝化	拉张	先剪切后拉张
钝化缝	增加	增加	缝尖钝化	拉张	剪切
穿层缝	增加	增加	缝尖钝化	拉张	剪切

5.3.3　影响水力裂缝穿层行为的控制图版

1. 无层间应力差

层状页岩储层岩层间不存在层间应力差，决定水力裂缝缝高延伸的影响因素为垂向应力差异系数和界面胶结强度。如图 5.19 所示，统计不同界面强度和垂向应力差异系数下的数值模拟结果，并形成控制图版。根据 3 种裂缝类型，可将图版划分为 3 个小区域：左下方区域为 T 形缝控制区域，左上方为钝化缝控制区域，右上方为穿层缝控制区域。结果表明，界面强度越低，垂向应力差异系数越小，越易形成 T 形缝；界面强度越低，垂向应力差异系数越大，越易形成钝化缝；界面强度越高，垂向应力差异系数越大，越易形成穿层缝。

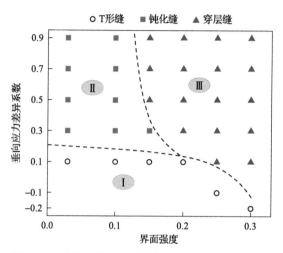

图 5.19　垂向应力差异系数与界面强度的综合影响

2. 有层间应力差

煤系产层组地层岩层间存在层间应力差异，因此需要综合考虑界面强度、垂向应力差异系数及水平应力差异系数三者的综合影响。图 5.20 (a)～(f) 给出了不同界面强度条件下，垂向应力差异系数与水平应力差异系数共同影响下的水力裂缝穿层扩展形态。

当存在层间应力差异条件时，如图 5.20 (a) 所示，根据 3 种裂缝类型也可将图版划分为 3 个小区域：右下方区域为 T 形缝控制区域，右上方为钝化缝控制区域，左上方为穿层缝控制区域。

随着界面强度的降低，如图 5.20 (a)～(d) 所示，钝化缝和穿层缝的分界线不断左移，T 形缝与穿层缝的分界线逐渐上移，表明低界面强度下出现穿层缝的概率逐渐降低。模拟结果显示，当界面强度小于 0.1 时 [图 5.20 (e)～(f)]，仅能形成 T 形缝和钝化缝，无法出现穿层缝。当界面强度为 0.2～0.25 时，T 形缝是否形成仅由垂向应力差异系数决定，与水平应力差异系数大小无关。模拟结果表明，当垂向应力系数小于 0.1～0.3 时才有可能形成 T 形缝，大于该值仅能形成钝化缝或者穿层缝。

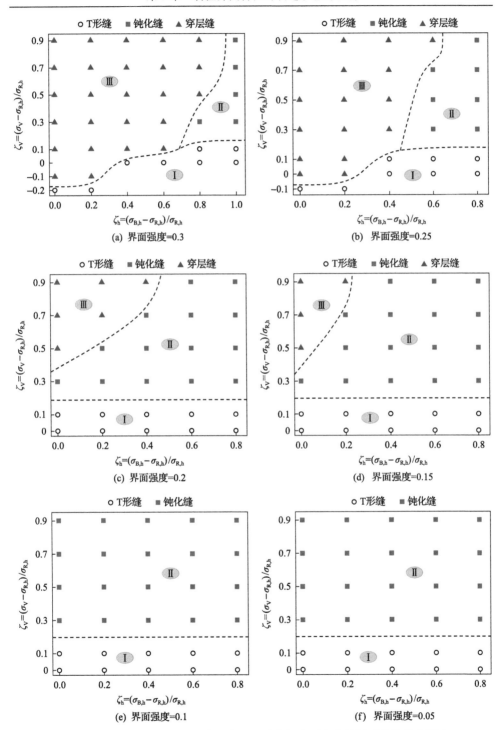

图 5.20　不同界面强度下垂向应力差异系数与水平应力差异系数的综合影响

5.3.4　页岩气缝网压裂案例分析

随着埋深增加，四川盆地龙马溪组页岩储层温度升高，三向应力增加，深部页岩储层后沉积时期受构造挤压作用增强，导致储层形成大量层理面及天然裂缝等不连续面，且胶结强度极低。通过第4章浅层和深层页岩露头的参数对比发现，深层页岩的基岩强度高于浅层页岩，而层理等弱面的强度远低于浅层页岩，压裂裂缝形态也具有显著差异。下面从现场几口典型深浅层压裂井的泵压曲线、微地震监测及缝高测试等方面分析压后裂缝扩展形态。

图5.21展示了长宁-威远地区几口深层页岩压裂井的微地震实时监测结果。结果显示，水力裂缝在水平向的形成和发展多于纵向，水平缝扩展占优。图5.22为合201井采用非放射性示踪陶粒的缝高监测结果。测试结果显示实际缝高为11m，小于预期设计缝高，表明水力裂缝主要沿水平向发展，纵向上无法穿透层理面。

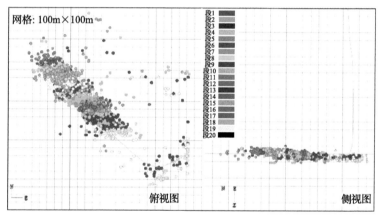

(a) 威204H4-1井

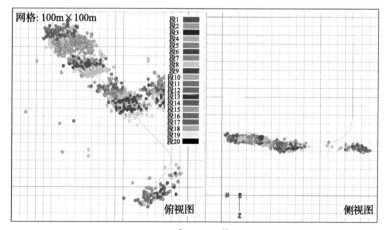

(b) 威204H4-3井

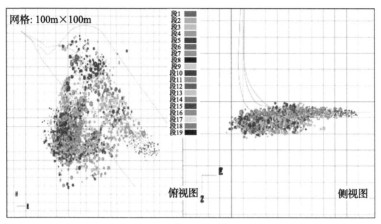

(c) 威204H2-5井

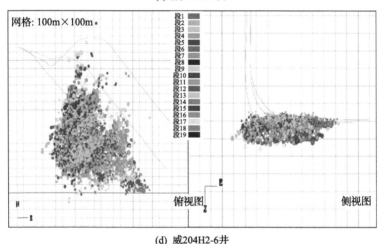

(d) 威204H2-6井

图 5.21　长宁-威远地区典型深层页岩压裂井微地震实时监测结果

通过数值模拟结果可知，水力裂缝能否穿透界面是由界面强度和地应力综合作用决定的。当界面胶结强度较强时，在较低垂向应力差异系数条件下可穿透界面形成横切主缝；当胶结强度足够低时，即使在高垂向应力差异系数条件下，水力裂缝也无法穿透界面。从而，从机理上解释了造成四川深浅层页岩储层缝网类型差异及深层页岩水平缝形成的原因，突破了深层页岩难以形成水平缝的传统认识。

本章采用刚度损伤演化的内聚力方法，考虑界面胶结强度及摩擦特性的影响，建立了水力裂缝与岩性界面交叉的三维裂缝扩展有限元模型，定量研究了三维空间中缝高与缝长共同变化下水力裂缝穿层扩展行为。通过对胶结面强度、层间应力差及垂向应力差等关键参数的综合分析，建立了裂缝穿透界面的控制图版，定量表征了水力裂缝穿层扩展行为。其具体结论如下。

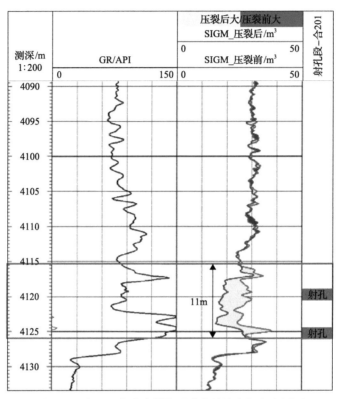

图 5.22　合 201 井非放射性示踪陶粒缝高解释成果图

(1)根据水力裂缝与交界面不同作用方式,水力裂缝垂向扩展形成 3 种典型裂缝,包括 T 形缝、伴随界面滑移的钝化缝及穿层缝。通过对比这 3 种裂缝类型下注入压力、缝宽变化及破裂方式等特征,发现对于这 3 种裂缝扩展类型,注入点流体压力及水力裂缝缝宽变化曲线均可划分为 4 个特征阶段,且当水力裂缝逼近界面层时,三维水力裂缝缝尖均会发生钝化。

(2)通过交界面与储层抗拉强度及抗剪强度相对大小关系,定义了无因次综合界面强度。随着界面强度的降低,穿层缝概率降低,当界面强度小于 0.1 时,仅形成 T 形缝和钝化缝两种裂缝类型。

(3)界面强度越低,垂向应力差异系数越小,越易形成 T 形缝;界面强度越低,垂向应力差异系数越大,越易形成钝化缝;界面强度越高,垂向应力差异系数越大,越易形成穿层缝。垂向应力差异系数存在一临界值(0.1~0.3),只有小于该值才可形成 T 形缝。

(4)通过数值模拟研究,从机理上解释了造成四川深浅层页岩储层缝网类型差异及深层页岩水平缝形成的原因,突破了深层页岩难以形成水平缝的传统认识。

第6章　岩性渐变区穿层扩展机理

迄今为止，关于过渡区域岩石力学性质对水力裂缝的扩展的影响机理研究非常少见，目前研究均将岩性的过渡区简化为零厚度的突变面，且模型考虑的因素不够全面。虽然在固体力学领域有少量关于考虑材料梯度变化的干裂缝扩展规律研究，然而针对各向异性层状岩石，在流固耦合作用下，过渡区岩石力学性质对水力裂缝扩展的影响研究几乎处于空白状态。为此，通过建立含岩性过渡区的各向异性层状岩石水力裂缝扩展数值模型，研究过渡区及基岩各向异性特征、地应力及注入速率等多因素对裂缝垂向扩展规律的影响，揭示水力裂缝在过渡区非平面扩展的力学行为，以期为该类储层的压裂施工设计及优化增产提供理论依据。

与第5章分析岩性突变对水力裂缝扩展影响不同，本章聚焦于岩性渐变形式对水力裂缝在 TIV 地层中穿层扩展的影响。扩展有限元近年来成为脆性固体断裂力学中常用的数值模拟方法，该方法在有限元理论的基础上采用带有不连续性质的形函数代表计算区域内的间断，可模拟任意路径裂缝扩展，适用于岩性渐变区水力裂缝扩展问题的研究。本章采用扩展有限元法，考虑流固耦合及缝内流体特征，建立岩性渐变区影响下的水力裂缝垂向扩展模型，评价了裂缝垂向扩展行为的影响因素。

6.1　扩展有限元模型

采用扩展有限元及内聚力方法研究水力裂缝在含过渡区岩性的层状岩石中的起裂及垂向扩展规律。扩展有限元方法可以很好地模拟非连续裂隙体，水力裂缝可沿任意路径起裂和扩展，无需重新划分网格；同时，可模拟流体压力场，即通过流体流入裂缝面以模拟水压驱动裂缝扩展。水力裂缝的起裂扩展过程采用损伤演化理论描述。该方法求解裂缝扩展的流程如图 6.1 所示。

6.1.1　扩展有限元理论

传统有限元法模拟非连续裂缝行为具有网格依赖性，需要网格满足几何不连续性，在裂缝尖端需要相当大的网格细化才能充分捕捉缝尖奇异渐进场。同时，对于不断扩展的水力裂缝，网格需要不断更新以匹配裂缝变化时的非连续几何模型。因此，传统有限元方法大大降低了计算效率。在传统有限元基础上，扩展有限元方法引入了局部增强函数，从而通过特殊的增强函数与增加的自由度来确保非连续性，确保水力裂缝可沿任意路径起裂和扩展，不需要重新划分网格，如图6.2所示。

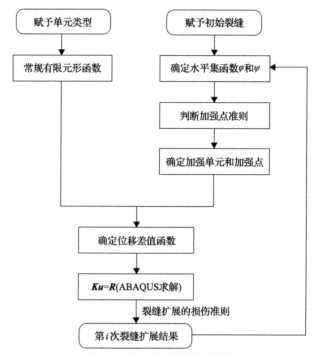

图6.1　求解裂缝扩展流程图

K 为单元刚度矩阵，**u** 为节点位移矩阵，**R** 为节点力矩阵

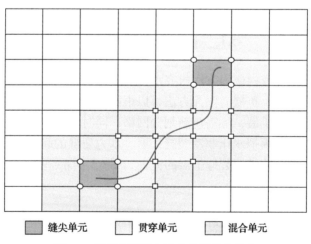

■ 缝尖单元　　□ 贯穿单元　　■ 混合单元

图6.2　扩展有限元方法中的网格和节点

1. 节点增强函数

在传统有限元基础上，节点增强函数包括捕获水力裂缝尖端周围奇异点的裂

缝尖端渐进位移函数及裂缝表面位移跳跃的跳跃函数。裂缝富集区的位移矢量函数可表示为

$$u = \sum_{I=1}^{N} N_I(x) \left[\boldsymbol{u}_I + H(x)a_I + \sum_{\alpha=1}^{4} F_\alpha(x)b_I^\alpha \right] \qquad (6.1)$$

式中，$N_I(x)$ 为常规的节点形函数；$\boldsymbol{u}_I$ 为连续部分的位移向量；a_I 为被裂缝贯穿单元的节点改进自由度；$H(x)$ 为跳跃函数；b_I^α 为裂尖所在单元的节点改进自由度；$F_\alpha(x)$ 为缝尖渐进位移函数；I 为网格中所有节点的节点集。

式(6.1)中的第一项适用于网格中的所有单元节点，第二项适用于被裂纹贯穿单元的节点(如图 6.1 中的黄色单元)，第三项适用于裂缝尖端所在单元的节点(如图 6.1 中的缝尖单元)。

跳跃函数定义为

$$H(x) = \begin{cases} 1, & (x - x^*)\boldsymbol{n} \geq 0 \\ -1, & 其他 \end{cases} \qquad (6.2)$$

式中，x 为试样高斯点；x^* 为靠近一侧裂缝上的点；$\boldsymbol{n}$ 为从点垂直裂缝向外的单位向量。

裂缝尖端的渐进位移函数定义为

$$F_\alpha(x) = \left[\sqrt{r}\sin\frac{\theta}{2}, \sqrt{r}\cos\frac{\theta}{2}, \sqrt{r}\sin\theta\sin\frac{\theta}{2}, \sqrt{r}\sin\theta\cos\frac{\theta}{2} \right] \qquad (6.3)$$

式中，r 为极坐标系下缝尖坐标系中的极轴，m；θ 为极坐标系下缝尖坐标系中的极角，(°)。

采用应力-位移的内聚力行为模拟裂缝扩展过程，裂缝扩展路径不依赖于网格单元的边界，穿透裂缝的单元用位移跳跃函数进行描述，可以快速捕捉动态缝尖位置及避免缝尖奇异性问题。如图 6.3 所示，采用虚拟节点法表示整个单元的不连续点，以描述裂缝贯穿单元的非连续性。初始状态下，虚拟节点与实际节点绑定；当裂缝穿透时，被一分为二的单元由原始节点和虚拟节点共同构成，虚拟节点与原始节点不再绑定在一起，可以分离而发生移动。

因此，对于图 6.2 所示的含任意一条裂缝的平面问题，对于被裂缝完全贯穿的单元，每个节点的自由度为 4 个，即在常规每个自由度方向增加了 1 个自由度；对于被缝尖隐埋的单元，每个节点的自由度增加至 10 个，即在每个常规自由度方向上额外增加 4 个自由度。如图 6.2 所示，每个标矩形符号的节点自由度为 4 个，标圆圈符号的节点自由度为 10 个，其他的节点自由度为 2 个。

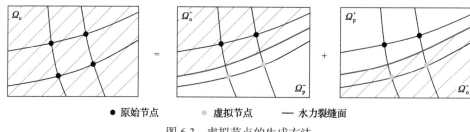

● 原始节点　　　　● 虚拟节点　　　—— 水力裂缝面

图 6.3　虚拟节点的生成方法

下表 o 和 p 表示裂缝面的两侧

2. 水平集函数

扩展有限元法的网格剖分不需要考虑裂缝的位置，但在计算时需要根据网格和裂缝的实时位置关系来确定加强节点和加强类型。水平集函数即可通过确定加强单元的类型来确定加强节点和加强类型。通过嵌入高一维空间的曲线或曲面，在速度场的驱动下，求解水平集方程可实现曲线或者曲面的边界运动分析和跟踪。

如图 6.4 所示，描述裂缝的水平集函数包括裂缝面水平集和波前水平集，裂缝面水平集和波前水平集的交叉为裂缝波前。若假定裂缝面和裂缝波前相互垂直，则裂缝波前和裂缝表面可以表示为

$$\varphi[X(t),t] = 0, \psi[X(t),t] < 0 \tag{6.4}$$

$$\varphi[X(t),t] = \psi[X(t),t] = 0 \tag{6.5}$$

$$\psi[X(t),t] > 0 \tag{6.6}$$

式(6.4)表示裂缝路径，式(6.5)表示裂缝缝尖，式(6.6)表示与裂缝缝尖不相交。

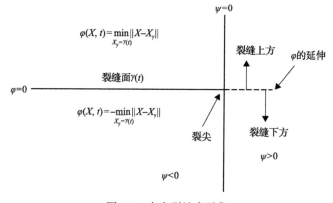

图 6.4　水力裂缝水平集

根据单元各节点的水平集值可以判断单元类型，由式(6.4)～式(6.6)可以得到如下判别准则。

(1)裂缝贯穿单元：$\psi_{\max}<0$，且$\varphi_{\max}\varphi_{\min}\leqslant 0$。

(2)裂尖单元：$\psi_{\max}\psi_{\min}<0$，且$\varphi_{\max}\varphi_{\min}\leqslant 0$。

(3)不含裂缝单元：$\psi_{\min}>0$，或$\varphi_{\max}\varphi_{\min}>0$。

因此，对裂缝贯穿单元的所有节点采用跳跃加强函数，裂尖单元的所有节点采用裂缝尖端渐进位移函数加强；对于既属于裂尖单元又属于裂缝贯穿的单元，采用裂缝尖端渐进位移函数加强。

6.1.2　水力裂缝扩展准则

基于扩展有限元方法(XFEM)的内聚力方法描述水力裂缝的起裂与扩展过程，其用于控制裂缝扩展的公式和规则与采用牵引力分离本构行为的内聚力单元非常类似。二者存在的细微差别在于，该方法无需设定损伤起始变化的牵引力曲线部分，如图 6.5 所示。

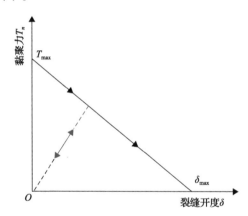

图 6.5　基于 XFEM 内聚力方法的水力裂缝起裂及扩展准则

1. 裂缝起裂准则

本方法采用最大主应力准则描述水力裂缝的行为，即

$$f = \frac{\langle \sigma_{\max} \rangle}{\sigma_{\max}^{\mathrm{o}}} \tag{6.7}$$

式中，f 为最大主应力比，无因次；$\sigma_{\max}$ 为承受的最大主应力，MPa；$\langle\ \rangle$ 表示只能承受拉应力；$\sigma_{\max}^{\mathrm{o}}$ 为许用主应力，MPa。

2. 裂缝扩展准则

当式(6.7)满足时，水力裂缝起裂，岩石刚度开始退化，出现损伤。刚度的退

化过程可描述为

$$t = \begin{cases} (1-D)\overline{T}, & \overline{T} \geqslant 0 \\ \overline{T}, & \text{其他} \end{cases} \qquad (6.8)$$

式中，$\overline{T}$ 为无损伤状态下由牵引力分离准则计算得到的 3 个应力分量，MPa；t 为实际应力分量，MPa；D 为损伤变量，取值范围为 0~1。

另外，采用 BK 准则从能量的角度描述张剪复合型水力裂缝的扩展过程。该准则假设第一切向与第二切向上的能量释放率相等，即

$$G_{\mathrm{n}}^{\mathrm{C}} + (G_{\mathrm{s}}^{\mathrm{C}} - G_{\mathrm{n}}^{\mathrm{C}}) \left(\frac{G_{\mathrm{s}} + G_{\mathrm{t}}}{G_{\mathrm{n}} + G_{\mathrm{s}} + G_{\mathrm{t}}} \right)^{\eta} = G^{\mathrm{C}} \qquad (6.9)$$

6.1.3　流固耦合及缝内流体流动特征

1. 基质岩石应力-渗透耦合

基于毕奥(Biot)孔隙弹性理论，多孔介质被流体填充，总应力与有效应力之间满足：

$$\sigma = \overline{\sigma} + \xi p_{\mathrm{w}} \qquad (6.10)$$

式中，σ 为总应力，MPa；$\overline{\sigma}$ 为有效应力，MPa；ξ 为有效应力系数，无因次；p_{w} 为流体孔隙压力，MPa。

2. 缝内流体流动及滤失

1) 切向流动

本研究中假设压裂液为不可压缩的牛顿流体，即

$$q = \frac{w^3}{12\mu} \nabla p \qquad (6.11)$$

式中，q 为裂缝的切向流量，m^3/s；w 为裂缝的张开宽度，m；μ 为压裂液黏度，$\mathrm{Pa} \cdot \mathrm{s}$；$\nabla p$ 为沿裂缝方向的流体压力梯度，Pa/m。

2) 法向流动

压裂液在裂缝内部除可切向流动外，也可沿水力裂缝的上下表面向岩石内部滤失，其滤失行为可描述为

$$\begin{cases} q_{\mathrm{t}} = c_{\mathrm{t}}(p_{\mathrm{i}} - p_{\mathrm{t}}) \\ q_{\mathrm{b}} = c_{\mathrm{b}}(p_{\mathrm{i}} - p_{\mathrm{b}}) \end{cases} \qquad (6.12)$$

式中，q_t、q_b 分别为水力裂缝上表面及下表面单位时间的体积流量，m^3/s；c_t、c_b 分别为水力裂缝上表面及下表面的滤失系数，$m^3/(Pa·s)$；p_t、p_b 分别为水力裂缝上下表面的孔隙压力，Pa；p_i 为水力裂缝内的流体压力，Pa。

为研究考虑过渡区影响下层状储层的水力裂缝垂向扩展行为，基于 XFEM 的刚度损伤内聚力方法，建立含岩性过渡区的层状储层压裂模型，研究过渡区各向异性特征、地应力等储层性质及泵注参数等工程参数对水力裂缝垂向扩展规律的综合影响，如图 6.6 所示。

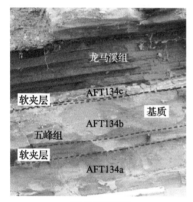 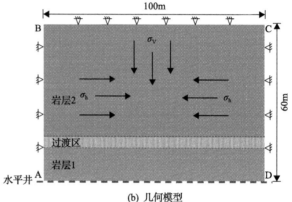

(a) 层状页岩露头　　　　　　　　　　　(b) 几何模型

图 6.6　含岩性过渡区的层状岩石模型

6.2　数值模型建立及验证

为了探寻水力裂缝穿层扩展规律，重点研究过渡区特性的影响机制，将模型简化为 3 层模型，且上/下岩层的弹性参数相同。为研究层理结构及层理倾角对穿层扩展的影响，将岩石考虑为横观各向同性介质，并通过改变材料方向与最小水平地应力方向的夹角，以模拟不同岩层倾角。模型几何尺寸为 100m×60m，如图 6.7 所示。基本参数设置如表 6.1 所示。

表 6.1　基本参数设置

位置	符号	参数	值	
			垂直层理	平行层理
底层	E	杨氏模量/GPa	48	36
	ν	泊松比	0.1	0.12
	k	渗透率/$10^{-3}\mu m^2$	0.1	0.3
	Φ	孔隙度/%	5	5

位置	符号	参数	值	
			垂直层理	平行层理
底层	σ_{omax}	初始起裂压力/MPa	4	4
	G_I, G_{II}	断裂能/(MPa·m$^{1/2}$)	263	263
过渡层	E	杨氏模量/GPa	24	12
	ν	泊松比	0.15	0.2
	k	渗透率/10^{-3}μm^2	0.5	5
	Φ	孔隙度/%	7	7
	σ_{omax}	初始起裂压力/MPa	26.3	26.3
	G_I, G_{II}	断裂能/(MPa·m$^{1/2}$)		
顶层	E	杨氏模量/GPa	48	36
	ν	泊松比	0.1	0.12
	k	渗透率/10^{-3}μm^2	0.1	0.3
	Φ	孔隙度/%	5	5
	σ_{omax}	初始起裂压力/MPa	4	4
	G_I, G_{II}	断裂能/(MPa·m$^{1/2}$)	263	263

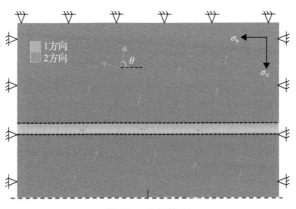

图 6.7　几何模型

　　数值模拟结果表明，水力裂缝扩展至过渡区域后会发生偏移，裂缝穿透过渡区后，裂缝形态也会受到一定影响，如图 6.8(a)所示，图中设置的地层倾角为 5°，且无垂向应力差异。Afsar 研究中也观察到了类似的裂缝形态[92]，如图 6.8(b)所示。

　　另外，通过开展室内真三轴物理模拟试验，观察水力裂缝在过渡区的扩展形态。试样选取天然砂煤和煤岩露头加工而成，在试件制作过程中，对砂岩和煤岩板间采用混凝土进行黏接，模拟岩性过渡区，混凝土厚度为5mm，最后形成的压裂试件尺寸为300mm×300mm，如图6.9所示。利用三轴试验测得岩石力学参数：混凝土的弹性模量为4.1GPa，泊松比为0.24；煤岩的弹性模量为8.79GPa，泊松比为0.27；砂岩的弹性模量为16.23GPa，泊松比为0.15。试验中压裂液黏度为100mPa·s，注入速率为10mL/min。

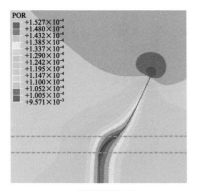
(a) 数值模拟结果

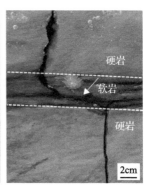
(b) 实际裂缝形态

图6.8 数值模拟结果与实际裂缝形态对比

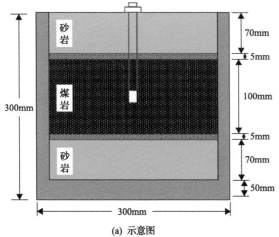
(a) 示意图

(b) 内部实物图

图6.9 物理模拟试样

压裂后裂缝形态如图6.10所示。水力裂缝从煤岩中起裂后沿着垂直最小水平地应力方向扩展，扩展至混凝土后（过渡区）发生转向。在混凝土层内一翼水力穿透进入砂岩层中；一翼沟通煤岩天然裂缝并逆向扩展穿透混凝土层，进入下部砂岩层。

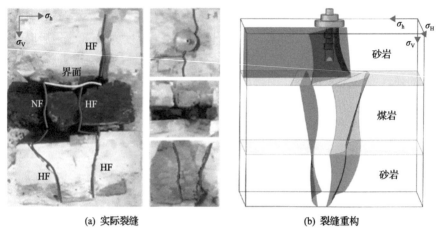

(a) 实际裂缝　　　　　　　　　　(b) 裂缝重构

图 6.10　压裂后裂缝形态

通过数模结果与试验结果对比，间接验证了采用该方法模拟过渡区影响下水力裂缝垂向扩展行为的可行性，同时也揭示了水力裂缝在岩性过渡区内扩展行为的独特性和复杂性。

6.3　岩性渐变区影响下水力裂缝垂向扩展规律

6.3.1　多因素对裂缝垂向扩展的影响

1. 垂向应力差异系数与地层倾角

通过设置不同材料方向与水平最小地应力方向之间的夹角，以模拟不同地层倾角，研究不同地层倾角的岩石在不同垂向应力差异系数条件下水力裂缝的垂向扩展规律。模拟结果如图 6.11 所示。

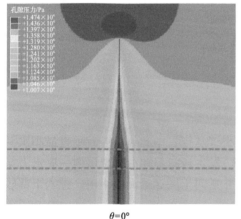

$\theta = 0°$

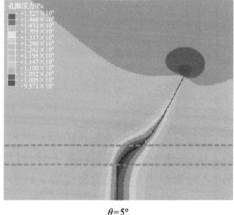

$\theta = 5°$

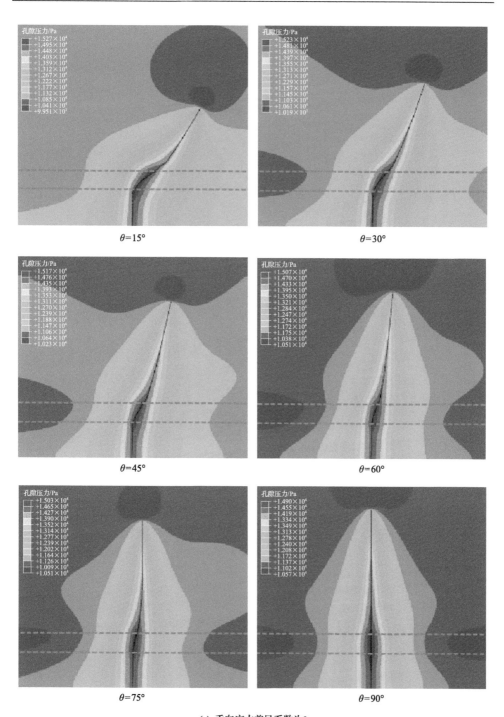

(a) 垂向应力差异系数为0

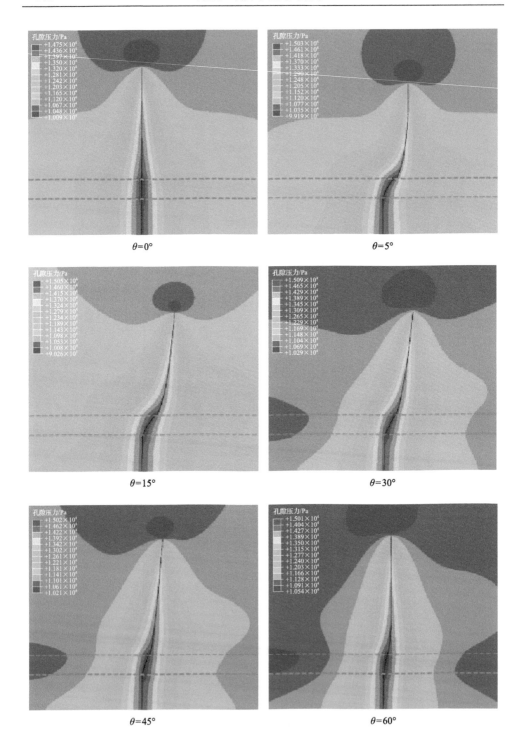

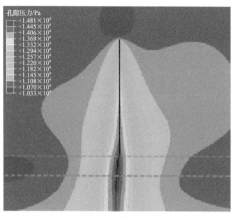

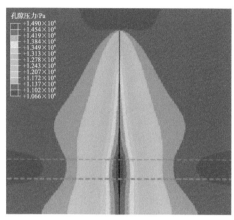

$\theta=75°$　　　　　　　　　　　　$\theta=90°$

(b) 垂向应力差异系数为0.25

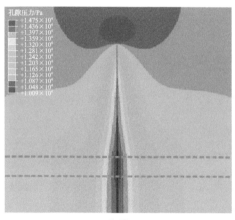

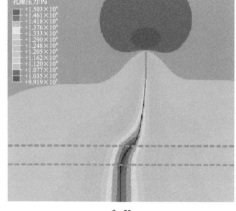

$\theta=0°$　　　　　　　　　　　　$\theta=5°$

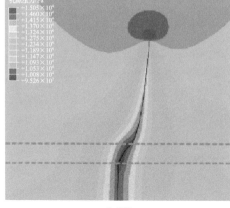

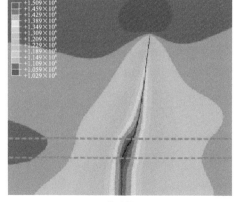

$\theta=15°$　　　　　　　　　　　　$\theta=30°$

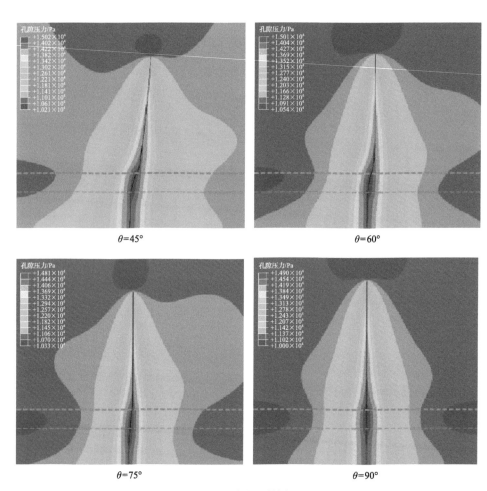

(c) 垂向应力差异系数为0.5

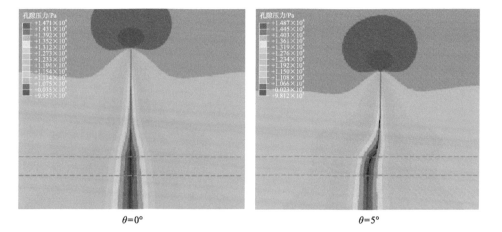

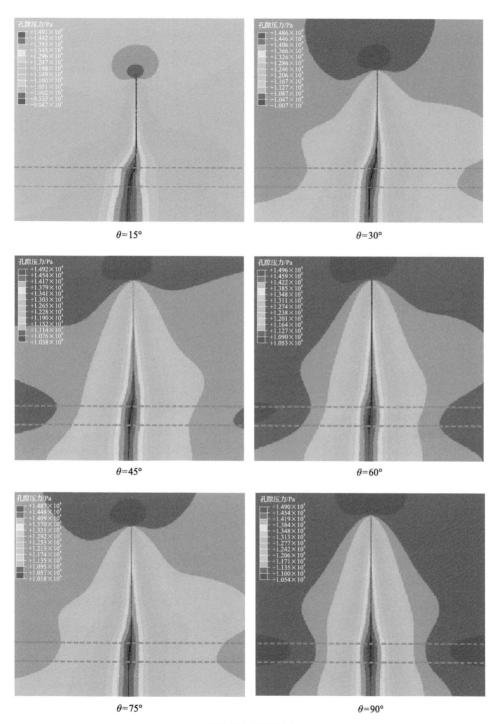

(d) 垂向应力差异系数为1

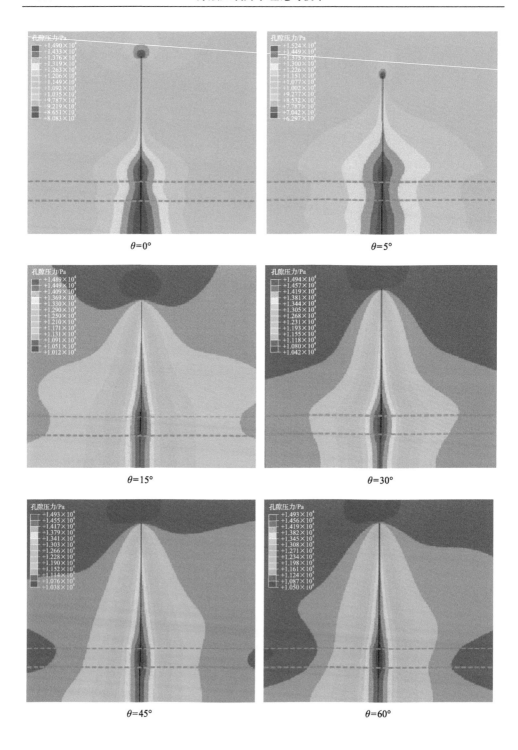

$\theta=0°$

$\theta=5°$

$\theta=15°$

$\theta=30°$

$\theta=45°$

$\theta=60°$

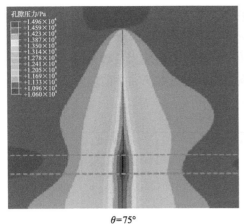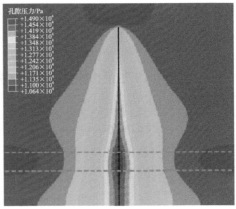

$\theta=75°$　　　　　　　　　　　　　　　　$\theta=90°$

(e) 垂向应力差异系数为2.5

图 6.11　垂向应力差异系数与地层倾角的影响

　　模拟结果表明，过渡区会影响水力裂缝的扩展形态，诱导水力裂缝发生扭曲和偏移；水力裂缝在过渡区内的偏转会影响后续在基岩中的扩展形态及裂缝高度。在不同地层倾角下，水力裂缝在过渡区内的扭曲程度和偏移距离不同。在低垂向应力差异系数下，水力裂缝垂向扩展形态受过渡区影响严重，在过渡区极易发生转向和偏移；随着应力差异系数升高，水力裂缝在基岩和过渡区内迂曲度降低，水力裂缝缝高增加；当垂向应力差异系数为 1 时，裂缝在基岩内基本沿最大地应力方向扩展，但在过渡区内仍会发生转向；当垂向应力差异系数为 2.5 时，水力裂缝基本沿最大应力方向扩展，几乎不受过渡区影响。相比对过渡区内裂缝形态的影响，应力系数对基岩内裂缝扩展影响更为显著。

　　裂缝高度及裂缝偏移距离是描述水力裂缝垂向扩展形态的两个重要指标，为定量表征不同因素对水力裂缝垂向扩展的影响，定义两个无因次变量：水力裂缝在过渡区内的无因次偏移距离及无因次缝高，即

　　　　过渡区无因次偏移距离=过渡区裂缝水平偏移距离/过渡区厚度

　　　　无因次缝高=裂缝高度/(裂缝高度+裂缝水平偏移距离)

　　通过过渡区无因次偏移距离可描述水力裂缝在过渡区内的转向程度，过渡区无因次偏离距离越大，转向程度越大，表明缝高裂缝形态越扭曲；通过无因次缝高可描述水力裂缝的缝高延伸距离，无因次缝高越大，表明缝高延伸距离越远。

　　垂向应力差异系数和地层倾角对过渡区无因次偏移距离及无因次缝高的综合影响如图 6.12 和图 6.13 所示。结果表明，当垂向应力差异系数小于 0.5 时，在低

角度(5°~15°)条件下，过渡区无因次偏移距离最大，无因次缝高最小；随着垂向应力差异系数(K_v)增加，过渡区无因次偏移距离降低，无因次缝高增加，且最大偏移距离和最小缝高逐渐向高岩层倾角转变。在低垂向应力系数条件下，过渡区性质对裂缝垂向扩展的影响占主导；在高垂向应力系数下，垂向应力系数对裂缝行为的影响占主导。

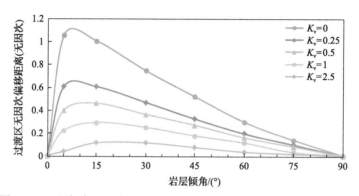

图 6.12　地层倾角和垂向应力差异系数对过渡区无因次偏移距离的影响

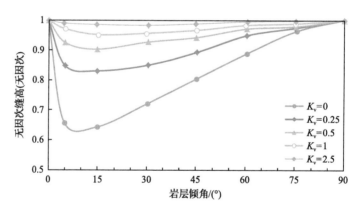

图 6.13　地层倾角和垂向应力差异系数对无因次缝高的影响

2. 过渡区各向异性的影响

室内岩石力学测试试验结果表明，页岩地层平行沉积方向的弹性模量约大于垂直沉积方向的弹性模量。该测试结果是针对不含宏观裂缝、胶结完好的页岩基质所得到的，未考虑弱结构面的影响。然而，实际的页岩储层中弱结构大量发育，且这些弱结构面对水力裂缝垂向扩展形态及规律具有重要影响。为此，本模型将储层中弱结构面的影响等效到弹性模量中，定义有效模量比(α)为平行层理面方向的有效弹性模量与垂直层理面方向的有效弹性模量之比。在此条件下，平行层理面方向的有效模量小于垂直层理面方向的有效模量，且两者有效模量比越小，岩石的各向异性程度越大。

　　本研究中设置 6 组不同的有效模量比（α_t），即 0.3、0.35、0.45、0.55、0.7、0.9。典型的模拟结果如图 6.14 所示。模拟结果表明，随着有效模量比降低，过渡区各向异性程度增加，水力裂缝在过渡区的偏移距离增加，裂缝高度降低。

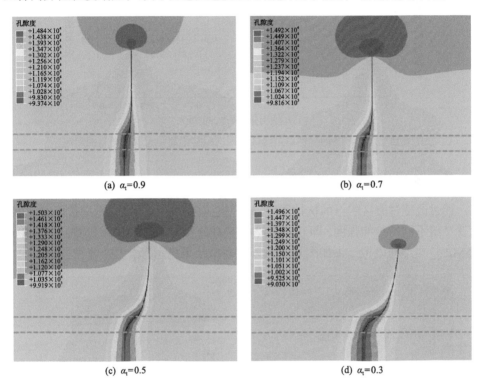

图 6.14　过渡区各向异性的影响

　　如图 6.15 所示，提取不同过渡区各向异性程度条件下的过渡区无因次偏移距离和无因次缝高，满足线性拟合关系，即

$$d_t = -1.1167\alpha_t + 1.0141 \tag{6.13}$$

$$H_t = 0.2989\alpha_t + 0.7409 \tag{6.14}$$

式中，d_t 为过渡区无因次偏移距离，无因次；α_t 为过渡区岩石的有效模量比，无因次；H_t 为无因次缝高，无因次。

　　结果显示，随着过渡区各向异性程度增加，水力裂缝在过渡区无因次偏移距离增加，无因次缝高减小。因此，若储层中发育大量的岩性过渡区，压裂过程中将大大提高裂缝缝高复杂程度，降低裂缝扩展高度，并影响后续支撑剂的有效注入。

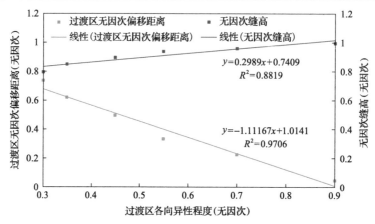

图 6.15   过渡区各向异性对过渡区无因次偏移距离和无因次缝高的影响

3. 过渡区抗拉强度的影响

通过改变过渡区岩石的抗拉强度,研究抗拉强度对水力裂缝垂向扩展的影响。设置 7 组不同的拉伸强度,即 0.5MPa、0.75MPa、1MPa、1.5MPa、2MPa、2.5MPa、5.5MPa。典型的模拟结果如图 6.16 所示。模拟结果显示,水力裂缝在过渡区均发

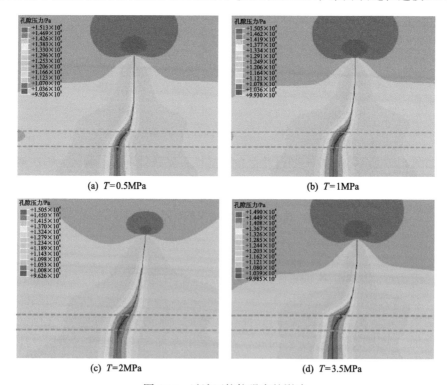

(a) T=0.5MPa   (b) T=1MPa

(c) T=2MPa   (d) T=3.5MPa

图 6.16   过渡区抗拉强度的影响

生了偏转，但不同抗拉强度条件下水力裂缝的偏移距离差异不大。

如图 6.17 所示，提取不同抗拉强度条件下的过渡区无因次偏移距离和无因次缝高，满足线性拟合关系，即

$$d_{\mathrm{T}} = 0.0436T + 0.514 \tag{6.15}$$

$$H_{\mathrm{T}} = -0.0157T + 0.8902 \tag{6.16}$$

式中，d_{T} 为过渡区无因次偏移距离，无因次；T 为过渡区抗拉强度，MPa；H_{T} 为无因次缝高，无因次。

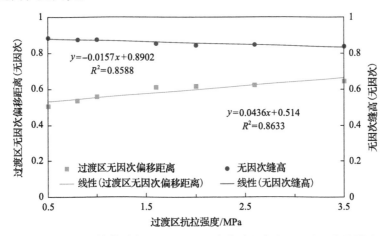

图 6.17　过渡区抗拉强度对过渡区无因次偏移距离和无因次缝高的影响

结果显示，随着过渡区抗拉强度增加，裂缝在过渡区无因次偏移距离增加，无因次缝高减小，但变化幅度缓慢。

4. 基岩各向异性的影响

通过改变上下岩层(基岩)的有效模量比，研究不同基岩各向异性对水力裂缝垂向扩展的影响。共设置 7 组不同的基岩有效模量比，即 0.5、0.55、0.6、0.7、0.75、0.85、1。典型的模拟结果如图 6.18 所示。模拟结果显示，随着基岩有效模量比降低，各向异性程度增加，水力裂缝在过渡区的偏移距离增加，裂缝高度降低。

如图 6.19 所示，提取不同基岩各向异性程度条件下的过渡区无因次偏移距离和无因次缝高，满足线性拟合关系，即

$$d_{\mathrm{m}} = -0.3777\alpha_{\mathrm{m}} + 0.9213 \tag{6.17}$$

$$H_{\mathrm{m}} = 0.5104\alpha_{\mathrm{m}} + 0.4331 \tag{6.18}$$

式中，d_{m} 为过渡区无因次偏移距离，无因次；α_{m} 为过渡区岩石的有效模量比，

无因次；H_m 为无因次缝高，无因次。

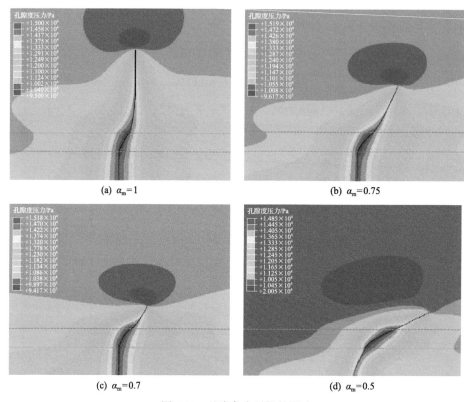

图 6.18　基岩各向异性的影响

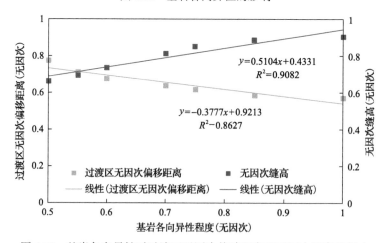

图 6.19　基岩各向异性对过渡区无因次偏移距离和无因次缝高的影响

结果显示，随着基岩各向异性程度增加，水力裂缝在过渡区无因次偏移距离

增加，无因次缝高减小。因此，层状储层基岩的各向异性特征会增加水力裂缝缝
高形态复杂程度，并影响后续支撑剂的注入。

5. 注入速率的影响

通过改变压裂液流体的注入速率，研究不同泵注速率对水力裂缝垂向扩展的
影响。共设置 6 组不同的注入速率，即 $0.7m^2/s$、$1m^2/s$、$2m^2/s$、$3m^2/s$、$4m^2/s$、$5m^2/s$。
典型的模拟结果如图 6.20 所示。模拟结果显示，随着注液速度增加，水力裂缝受
过渡区影响程度降低，水力裂缝在过渡区的偏移距离降低，裂缝高度增加。

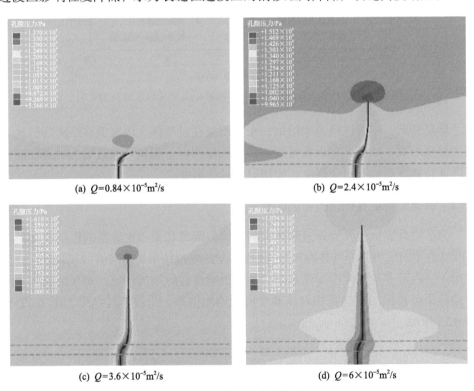

(a) $Q=0.84\times10^{-5}m^2/s$　　　　　　　　(b) $Q=2.4\times10^{-5}m^2/s$

(c) $Q=3.6\times10^{-5}m^2/s$　　　　　　　　(d) $Q=6\times10^{-5}m^2/s$

图 6.20　注入速率的影响

如图 6.21 所示，提取不同注入速率条件下的过渡区无因次偏移距离和无因次
缝高，满足线性拟合关系，即

$$d_Q = -5175.6Q + 0.6933 \tag{6.19}$$

$$H_Q = 4866.1Q + 0.7327 \tag{6.20}$$

式中，d_Q 为过渡区无因次偏移距离，无因次；Q 为注液速率，m^2/s；H_Q 为无因
次缝高，无因次。

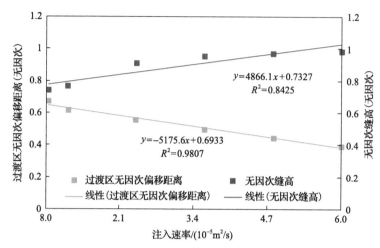

图 6.21　注入速率对过渡区无因次偏移距离和无因次缝高的影响

结果显示，随着注液速率增加，水力裂缝在过渡区无因次偏移距离降低，无因次缝高增大。因此，在设备管线正常工作范围内，现场可通过适当提高注液速率降低裂缝缝高形态复杂程度，增加裂缝延伸高度。

6.3.2　裂缝垂向扩展行为的影响因素评价

为了综合评价各参数对过渡区无因次偏移距离和无因次缝高的影响程度，本研究选取垂向应力差异系数为 0.25、倾角为 5° 的模拟结果为基准值[如图 6.11(b)]。采用单一因素变量原则改变该基准组某一影响参数的增加倍数，观察过渡区无因次偏移距离和无因次缝高相对该基准值的增加倍数，最终统计结果如图 6.22 和图 6.23 所示。

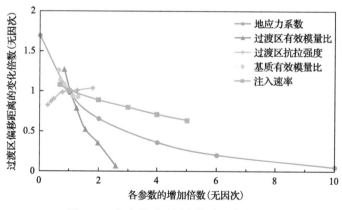

图 6.22　各参数对无因次偏移距离的影响

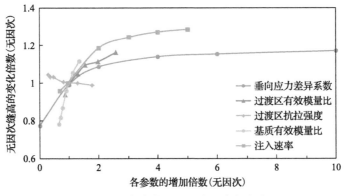

图 6.23　各参数对无因次缝高的影响

研究结果表明，过渡区各向异性和垂向应力差异系数对过渡区无因次偏移距离的影响程度最大，基质各向异性和注入速率对无因次缝高的影响程度最大，过渡区抗拉强度对无因次偏移距离和无因次缝高影响相对较小。

对无因次缝高随过渡区无因次偏移距离变化规律进行拟合，发现二者呈线性负相关关系(图 6.24)，满足：

$$H = -0.3073d + 1.0184 \qquad (6.21)$$

式中，H 为无因次缝高；d 为过渡区无因次偏移距离。

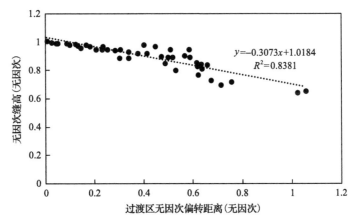

图 6.24　无因次缝高与过渡区无因次偏移距离的关系

结果显示，水力裂缝在过渡区偏移距离越大，裂缝缝高越小。因此，若层状储层中过渡区越发育，在垂向延伸过程中水力裂缝在过渡区的偏移距离越大，即裂缝水平展布越大，裂缝弯曲程度越大，裂缝形态越复杂，后期加砂难度越大。

基于扩展有限元的刚度损伤内聚力方法，建立了含岩性过渡区的各向异性层状岩石垂向扩展的数值模型，研究了过渡区及岩石基质各向异性特征、地应力及注液速率等多因素对水力裂缝穿层扩展的影响，揭示了水力裂缝在过渡区转向、扭曲扩展的力学行为，明确了影响层状岩石垂向非平面扩展的力学机理。本章得到如下结论。

(1)将岩石考虑为横观各向同性介质，研究了岩石各向异性特征对水力裂缝缝高延伸形态及规律的影响。通过建立含有限厚度岩性过渡区的层状岩石压裂模型，弥补了传统模型将岩性变化区域简化为零厚度突变面的缺陷。通过研究结果可知，若采用忽略岩性过渡区影响的传统模型进行缝高预测，会对缝高裂缝形态及延伸长度带来巨大偏差。

(2)岩性过渡区对水力裂缝垂向扩展距离及形态具有显著影响，可诱导水力裂缝在层内及层间转向，增加裂缝的迂曲程度，降低裂缝延伸高度。

(3)过渡区各向异性程度及地应力系数是影响过渡区迂曲程度的最关键因素，而基岩各向异性和注入速率对无因次缝高的影响程度最大。

(4)无因次缝高与过渡区无因次偏移距离呈线性负相关关系。水力裂缝在过渡区无因次偏移距离越大，无因次裂缝缝高越小，导致储层最终改造区域越小。

(5)通过数值模拟研究可以发现，多岩性层状储层岩性过渡区对缝高延伸形态及规律具有至关重要的影响，页岩软泥岩夹层及煤系产层组等储层岩性过渡区的存在会大大阻碍缝高延伸及后续支撑剂的泵入。因此，本研究可为四川页岩储层现场压裂出现缝高偏小、过早砂堵等工程问题提供新的理论解释。

第 7 章　穿层压裂设计与优化

穿层压裂伴随着页岩油等非常规资源的规模开发而生，作为一种新兴技术，其设计与优化仍是现场工作人员面临的难题。本章共从 5 个方面介绍 TIV 地层的穿层压裂设计与优化，7.1 节采用 3D 格子模型分析了含煤系储层中水力裂缝的穿层扩展，进而发展出一套适用该地层的穿层造缝评价技术；7.2 节基于二维的全局嵌入内聚力单元方法，建立页岩油地层的水力裂缝穿层损伤机制及参数优化方法；7.3 节基于 3DEC 离散元方法建立多甜点立体压裂数值模型，建立了密切割压裂多簇间距优化技术，实现多簇水力压裂参数的优化；7.4 节建立巨厚储层穿层一体化压裂设计方法，并介绍高温高应力巨厚储层一体化压裂可行性评价的一套流程；7.5 节介绍砂泥薄互层大斜度井的压裂设计技术，从斜井井壁裂缝起裂和转向扩展机理入手，同时还介绍了用于射孔优化的层状介质斜井水力裂缝扩展物理模拟方法，并运用数值模拟方法探究砂泥薄互储层斜井压裂数值模拟与组合分层优化问题。

7.1　含煤岩系储层裂缝穿层扩展的数值模拟研究

7.1.1　工程背景

数模研究区块位于中国山西省临县和兴县交接位置，地处鄂尔多斯盆地东北缘，总体上地层为一单斜构造，河流湖泊沉积相组合为主，煤层气资源丰富。该煤系地层以山西组煤层和太原组煤层为主，煤层平均埋藏厚度大于 1500m，山西组煤层厚度平均为 4.02m，太原组煤层平均厚度为 7.2m，煤层厚度变化大，煤层顶底板多为厚砂岩层，其中含有致密砂岩气，岩性在垂向上存在沉积旋回。

7.1.2　3D 格子模型原理简介

3D 格子模型作为一种新兴的模拟裂缝扩展的全耦合模型，耦合了力学响应、流体流动、裂缝扩展和压裂液滤失，能够较为准确地模拟裂缝在地层扩展的三维形态。此格子算法从某种意义上来说是离散元算法的一种，在离散元模型中岩石基质用球体表示，颗粒之间存在相互作用，但在格子算法中将球体变为没有体积的质点表示，颗粒之间的连接基于颗粒胶结算法和离散元算法，格子由一系列随机分布的节点通过弹性体相连，如图 7.1 所示。节点之间的弹性体可以承受拉应力和剪切应力，当两个相连节点之间的抗拉强度超过弹性体强度后，弹性体破坏，破坏的弹性体对应着地层中出现的微裂缝，大面积微裂缝就形成了宏观的水力裂缝。

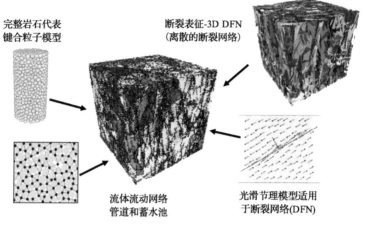

完整岩石代表
键合粒子模型

断裂表征-3D DFN
(离散的断裂网络)

流体流动网络
管道和蓄水池

光滑节理模型适用
于断裂网络(DFN)

图 7.1　格子-玻尔兹曼原理

　　格子算法是一种三维算法，在宏观上计算裂缝的张开、闭合与滑移，所以力学特征方面主要研究节点的受力和位移、单元的角速度和弹性体的受力。每个节点自由度的运动规律可用如下差分公式表示：

$$\dot{u}_i^{(t+\Delta t/2)} = \dot{u}_i^{(t-\Delta t/2)} + \sum F_i^{(t)}\Delta t \,/\, m \tag{7.1}$$

$$u_i^{(t+\Delta t)} = u_i^{(t)} + \dot{u}_i^{(t+\Delta t/2)}\Delta t \tag{7.2}$$

式中，$\dot{u}_i^{(t)}$ 和 $u_i^{(t)}$ 分别为 t 时刻的速度和方位，分量 $i=1,3$；$\sum F_i$ 为所有分量 i 作用在物体 m 上力的总和；Δt 为时间步长。

　　正应力和剪应力可表示为

$$F^{\mathrm{n}} \leftarrow F^{\mathrm{n}} + \dot{u}^{\mathrm{n}} k^{\mathrm{n}}\Delta t \tag{7.3}$$

$$F_i^{\mathrm{s}} \leftarrow F_i^{\mathrm{s}} + \dot{u}^{\mathrm{s}} k^{\mathrm{s}}\Delta t \tag{7.4}$$

式中，k^{n} 和 k^{s} 分别为弹性体的法向和切向刚度；上标 n 和 s 分别表示法向和切向。

　　为了准确描述岩石裂缝的起裂和扩展过程，格子算法中应用 SJM 算法。SJM 算法允许颗粒接触之间的滑移和分离，岩石中裂缝的剪切破坏和拉伸破坏法向应力的大小可以表征裂缝是否张开起裂：当法向应力大于弹性体的抗拉强度时，表现为裂缝的张开；当正应力为压缩状态时，裂缝中的剪切应力与最大摩擦力有关。其具体公式如下：

当 $F^{\mathrm{n}} > F^{\mathrm{n\,mas}}$ 时，$F^{\mathrm{n}} = 0$，$F_i^{\mathrm{s}} = 0$ $\qquad$ (7.5)

当 $\left| F_i^{\mathrm{s}} \right| > \mu \left| F^{\mathrm{n}} \right|$ 时，$\left| F_i^{\mathrm{s}} \right| \leftarrow F_i^{\mathrm{s}} \dfrac{\mu \left| F^{\mathrm{n}} \right|}{F_i^{\mathrm{s}}}$ $\qquad$ (7.6)

式中，μ 为裂缝面的摩擦系数。

　　3D 格子算法中，流体的流动主要从两方面表征，即预置裂缝中的流体和破坏格子弹性体而产生的流体。因此，裂缝和孔隙中的流体分别通过管道连接的流体节点进行求解，裂缝中流动是基于裂缝几何形态，孔隙中流体主要与岩石基质中的渗流有关，流体主要通过裂缝和孔隙进行交换，同时裂缝的几何模型是关于固体模型中裂缝形状的函数。计算管道流动时，使用 Lubrication 方程来计算管道内流体从 A 点流动到 B 点，公式如下：

$$q = \beta k_{\mathrm{r}} \frac{a^3}{12\mu_{\mathrm{f}}} \Big[p^A - p^B + \rho_{\mathrm{W}} g (Z^A - Z^B) \Big] \qquad (7.7)$$

式中，a 为孔隙度；μ_{f} 为流体黏度；p^A、p^B 分别为节点 A 和 B 处的流体压力；Z^A、Z^B 分别为节点 A 和 B 的高度；ρ_{W} 为流体密度；k_{r} 为相对渗透率，其可用饱和度 S 表示：

$$k_{\mathrm{r}} = S^2 (3 - 2S) \qquad (7.8)$$

　　流体模型随时间变化主要通过显式数值方法求解，压力的增加量 ΔP 和流体时间步 Δt_{f} 的关系为

$$\Delta P = \frac{Q}{V} \bar{K}_{\mathrm{f}} \Delta t_{\mathrm{f}} \qquad (7.9)$$

式中，Q 为流量；V 为体积；K_{f} 为系统的流动系数，反映了流体在给定压差下通过系统的流动能力；t_{f} 为时间间隔。

　　X-Site 中的流固耦合主要表现在裂缝开度的变化上，裂缝开度代表断裂缝面上节点的正应力引起的位移，随着开度的增大，周边弹性体的正应力也增加，限制了节点的位移。表现在宏观方面，流体压力增大导致岩石的变形或者裂缝的起裂增加，裂缝的张开度增加了压裂液滤失，同时减小了的流体压力限制了水力裂缝的扩展。考虑岩石整体的刚度是由裂缝、流体和基质 3 方面组成，裂缝和流体组成的弹簧示意图如图 7.2 所示，弹性体刚度由式 (7.10) 表示，这样运用广义胡克定律就可以得到节点的位移：

$$k_{\mathrm{C}} = k_{\mathrm{J}} + k_{\mathrm{F}} \qquad (7.10)$$

式中，k_C 为岩石整体的等效刚度；k_J 为基质（Matrix）的刚度；k_F 为裂缝和流体系统的刚度。

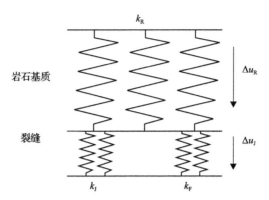

图 7.2　模型中岩石基质和裂缝耦合

k_R 为整体岩石的刚度；Δu_R 为整体岩石在外部载荷作用下的位移；Δu_J 为基质部分在外部载荷作用下的位移

整个格子的刚度 k_R 可以表示为

$$k_R = \frac{k_J k_F}{k_J + k_F} \tag{7.11}$$

7.1.3　含煤岩系产层组压裂数值模拟工程案例

1. 研究区块背景和地质模型建立

对中国临兴地区含煤岩系产层组进行研究，参考实际地层各井段测井数据，得到该地区主力煤层中往往夹杂着泥页岩和砂岩。根据地区地质构造总结出 3 种基本地层情况：①压裂目的层段为煤层，煤层上下为砂岩干层，隔层应力差为 4～6MPa；②压裂目的层同时存在致密砂岩气和煤层气，并且产层距离小于 5m；③压裂层段为煤层，但是煤层中夹杂着薄砂岩层和泥岩层。根据上述区块产层组结构，建立 3 种地质模型，具体如下。

模型 1：砂岩层+煤岩层+砂岩层。

模型 2：砂岩干层+砂岩含气层+煤岩层+泥岩层。

模型 3：砂岩层+煤岩层+砂岩层+煤岩层+砂岩层。

3 种模型地层组合如图 7.3 所示，模拟的地层尺寸为边长 40m 的立方体。因为煤岩中典型的射孔方式为螺旋射孔，所以模型设置采用螺旋射孔。

模型 1 中，建立的几何模型为边长 40m 的立方体模型：中间 10m 为煤岩层，上下各为 15m 的砂岩层。为了支撑剂高效铺置形成有效裂缝，射孔位置选在煤层的中上部，具体射孔方案如表 7.1 所示。

　　模型 2 中，上部砂岩分为砂岩干层和砂岩含气层（5m 左右），中部是薄层煤岩层（4.7m 左右），下部是较厚的泥岩层，整个模型为边长 40m 的立方体：15m 的砂岩干层+5m 砂岩含气层+5m 煤岩层+15m 泥岩层。考虑到砂岩含气层和煤岩层相邻，所以采取煤岩和砂岩同时压裂，对下部煤岩层具体的射孔方案如表 7.1 所示。

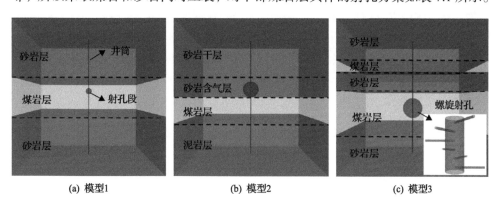

| (a) 模型1 | (b) 模型2 | (c) 模型3 |

图 7.3　3 种模型地层组合

表 7.1　3 种模型的射孔方案

模型	地层组合	编号	射孔中心位置 （距离煤层顶板的距离）/m		射孔段长度/m
模型1	15m 砂岩层 10m 煤岩层 15m 砂岩层	#1-1	3		3
		#1-2	3		6
		#1-3	5		3
		#1-4	5		6
		#1-5	5		9
模型2	15m 砂岩干层 5m 砂岩含气层 5m 煤岩层 15m 泥岩层	#2-1	射开全部砂岩层	0.5	1
		#2-2		1	2
		#2-3	射开部分煤岩层	1.5	3
		#2-4		2	4
		#2-5		2.5	5
模型3	10.4m 砂岩层 2.8m 煤岩层 4.8m 砂岩层 11.2m 煤岩层 10.8m 砂岩层	#3-1	0		3
		#3-2	0		5
		#3-3	2		3
		#3-4	2		5
		#3-5	2		7
		#3-6	4		5
		#3-7	4		7

　　模型 3 中，模型模拟的是煤岩层中夹杂着砂岩层，煤岩层分为主力厚煤岩层和薄煤岩层，射孔位置选取在主力煤岩层中，间接压开下部薄煤岩层，具体的层

间厚度按照实际测井地层数据进行比例缩放。其射孔方案如表 7.1 所示。

为了获得更加准确的产层组模拟结果，通过室内力学试验对地层岩石的弹性模量、泊松比、抗拉强度等进行测试，并利用测试参数对测井曲线进行校正，利用矫正后的测井解释剖面图获得全井段地层的力学参数。这里主要研究目的层段砂岩、煤岩和泥岩的力学参数，采集区块岩心数据通过 GCTS 设备测得岩样的密度、内聚力和摩擦角等岩石物性参数，然后用 Kaiser 声发射设备结合测井曲线获取地应力大小和方向。临兴地区不同岩石力学参数如表 7.2 所示。压裂施工参数根据工区实际施工井来选择，确定支撑剂的类型、排量、黏度、螺旋射孔等基本参数，如表 7.3 所示。

表 7.2　临兴地区不同岩石力学参数

岩石	弹性模量/GPa	泊松比	密度/(g/cm³)	抗拉强度/MPa	抗压强度/MPa	黏聚力/MPa
砂岩	17	0.2	2.5	3.5	50	6
煤岩	1.4	0.3	1.8	1	15	2
泥岩	38	0.23	2.8	4.6	65	7
岩石	摩擦角	渗透率/mD	孔隙度/%	σ_V/MPa	σ_H/MPa	σ_h/MPa
砂岩	420	0.28	6.50	45	38.7	33.5
煤岩	350	2	6	45	33	29.2
泥岩	480	0.19	5.60	45	42	37

表 7.3　数值模拟中临兴区块压裂施工参数

支撑剂密度 /(g/cm³)	支撑剂直径 /in	流体黏度 /(mPa·s)	流体密度 /(g/cm³)	射孔相位角 /(°)	射孔密度 /m	射孔直径 /in
2.8	0.02677	3	1.08	60	16	0.453

2. 3 种地质条件下数值模拟结果

1）模型 1 数值模拟结果：煤岩中射孔

在砂-煤-砂组合地层中，中部煤岩层为产层，上下均为砂岩隔层，所以射孔位置只考虑在煤岩层中的情况。对比裂缝扩展面积，#1-1、#1-2 为在煤岩层中上部起裂，射孔段长度逐渐增加；#1-3、#1-4 和#1-5 为在煤岩层中部射孔，射孔长度逐渐增大。数值模拟结果如图 7.4 所示，图左边坐标代表岩性组合，中间红色代表射孔段，右边数字代表流体压力大小。

由于上下砂岩隔层的存在，水力裂缝在横向上的扩展明显优于在纵向上的扩展，4.6MPa 的隔层应力差对裂缝在纵向扩展有一定的遮挡作用。随着射孔长度的增加，裂缝的有效改造面积明显变小，其中一个原因是随着泄流面积的增加，在

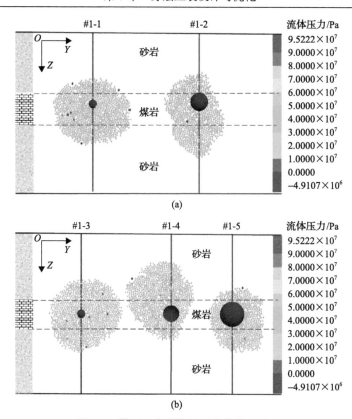

图 7.4　模型 1 中裂缝扩展数值模拟结果

相同施工排量和体积的条件下井底流压降低。在煤层中这种现象格外明显，主要是由于煤岩层割理发育，较低的弹性模量会导致煤粉对近井筒的污染加剧；另一个原因是随着射孔长度的增加，煤岩层对压裂液的滤失会更加严重，所以在煤岩中射孔段长度对压裂效果的影响要明显高于在砂岩中。当在煤层中上部射孔时，由于压裂液支撑剂的沉降，水力裂缝改造面积要优于在中部起裂。当射孔长度段为 3m 时，获得的裂缝长度更长，缝高控制也最好；随着射孔长度增大到 6m，起裂点与上部砂岩的距离太近，裂缝容易在砂岩中起裂，缝高难以控制，不利于大段煤层的整体改造。

因此，要在有隔层的单一厚煤岩层中射孔，需要在煤岩层中上部射孔，但要和隔层有一定距离，同时尽量控制较小的射孔长度，从而增大储层改造体积。

2)模型 2 数值模拟结果：砂岩和煤岩中同时射孔

砂-煤-泥产层组模拟中，上部砂岩层分为砂岩干层和致密砂岩含气层，与煤岩层相邻，致密砂岩含气层全部打开，中部煤岩层选择 1~5m 不同的射孔长度，数值模拟结果如图 7.5 所示。

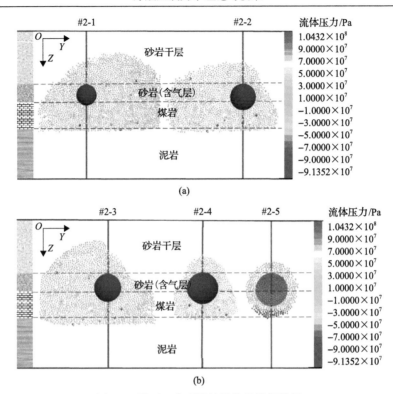

图 7.5　模型 2 中裂缝扩展数值模拟结果

模型 2 模拟的重点为相邻砂煤层同时射孔多气合采情况,当在砂岩层和煤岩层中同时射孔时,裂缝倾向于先从煤岩层中起裂,这主要是因为煤岩强度和地应力较低,上部砂岩脆性大,会带动煤岩在缝长方向扩展,当裂缝扩展到下部泥岩层时,裂缝被遮挡。在薄煤岩层和薄致密砂岩含气层中,射孔段长度为 1m 时裂缝改造面积最大,煤岩中缝长也最长;当射孔长度在 2～4m 时,水力裂缝改造面积没有明显差异;当中部煤岩层全部射开后,水力裂缝改造面积最小。与只在煤岩层中起裂相比,砂煤互层同时起裂扩展,煤岩层中形成的裂缝长度较高,说明砂煤产层组同时压裂具有较好的压裂改造效果。

因此,砂煤互层同时起裂时,初期煤岩先起裂,后期砂岩扩展加快,带动煤岩扩展,在煤岩中较短的射孔长度有利于减少近井筒裂缝复杂程度,增加改造体积。

3) 模型 3 数值模拟结果:砂岩中射孔

本模型模拟的是厚煤岩层中夹杂着薄砂岩层的情况,上段为 2.2m 的薄煤岩层,下段为 8.5m 厚的主力煤岩层,压裂射孔时选择下部主力煤岩层,理想的情况是裂缝穿层扩展到上部薄煤岩层,实现薄煤岩层的间接压裂。分别在距离下部煤岩层顶板 0m、2m、4m 设置起裂点,研究在砂岩层煤岩层交界(#3-1、#3-2)、厚煤岩层中上部(#3-3、#3-4、#3-5)和厚煤岩层中部射孔(#3-6、#3-7)裂缝穿层沟通上部薄煤岩层的效果，不同射孔点和射孔段长度数值模拟结果如图 7.6 所示。

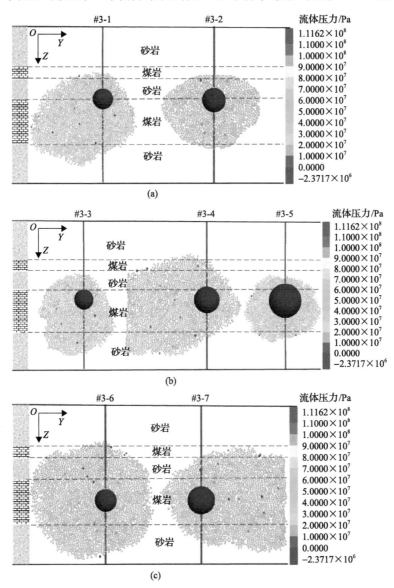

图 7.6　模型 3 中裂缝扩展数值模拟结果

　　由 #3-1 和 #3-2 可以看出，在砂煤交界处射孔时，太小的射孔段长度无法使裂缝穿层扩展。当在煤岩层顶板下面 2m 射孔时 (#3-3、#3-4、#3-5)，射孔段长度为 5m 和 7m 时，裂缝都沟通了上部薄煤岩层。当在厚煤岩层中部射孔时 (#3-6、#3-7)，5m 的射孔段长度裂缝沟通了上部薄煤岩层；随着射孔段长度增大到 7m，裂缝无法沟通上部薄煤岩层。总体来看，#3-2 和#3-5 裂缝沟通上部薄煤岩层效果最好，所以射孔段应选在厚煤岩层上部，使用中等长度的射孔段长度，同时射开少部分砂岩夹层，减少砂岩层界面对下部煤岩层缝高扩展的阻挡作用。

因此，当整块厚煤岩层中含有薄夹层时，需要借助间接压裂沟通薄煤岩层，应同时考虑裂缝缝长扩展和穿层扩展效果，根据煤岩层和中间夹层厚度优选射孔段长度，同时射开部分隔层及部分煤岩层，有利于产层组综合改造。

7.1.4 含煤岩系产层组数值模拟结果分析

1. 含煤岩系近井筒裂缝起裂形态和规律

图 7.7 所示为在厚煤岩层中部螺旋射孔近井筒裂缝起裂扩展形态，射孔初期由于上下砂岩顶底板的限制，微裂缝主要在中间煤岩层形成；然后逐渐在经过射孔孔眼位置的垂向面上形成了 6 条微裂缝段，这是由于射孔改变了孔眼位置的应力分布，这部分应力与地应力进行叠加，导致孔眼位置形成垂向微裂缝带，而不是围绕孔眼的球形微裂缝。随着微裂缝继续发育，微裂缝带逐渐相连，形成一条环绕井筒的微环隙。随后垂直于最小地应力方向的两个孔眼最先突破近井筒的应力集中区，并沿着射孔孔眼方向扩展。由于煤岩层中渗透率较大，弹性模量较小，因此在近井筒区域不仅形成了 2 条沿着孔眼方向的主裂缝，还形成了 3 条次级裂缝，导致煤层压裂中近井筒裂缝形态复杂。

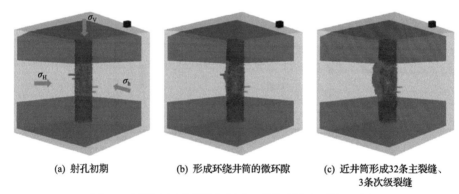

(a) 射孔初期　　　　　　(b) 形成环绕井筒的微环隙　　　　(c) 近井筒形成32条主裂缝、
　　　　　　　　　　　　　　　　　　　　　　　　　　　3条次级裂缝

图 7.7　厚煤岩层中部螺旋射孔近井筒裂缝起裂扩展形态

图 7.8 所示为在砂岩和煤岩层中同时起裂的近井筒裂缝起裂形态。由图 7.8(a) 可以看出，裂缝同时在砂岩层和煤岩层中起裂，并在孔眼垂向方向发育出多条微裂缝带。但是，随着微裂缝的发育，砂岩层中裂缝扩展速度明显大于在煤岩层中的扩展速度，形成了一条垂直于最小主应力的主裂缝面。随着微裂缝的发育，主裂缝面逐渐延伸，近井筒区域未形成复杂次级裂缝。

对照两种射孔方案，如图 7.9 所示，其中图 7.9(a) 为煤岩层中起裂，图 7.9(b) 为煤岩层和砂岩层同时起裂时近井筒裂缝形态。在厚煤岩层中部射孔，近井筒发

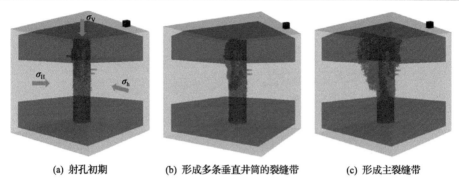

(a) 射孔初期　　　　　(b) 形成多条垂直井筒的裂缝带　　　　　(c) 形成主裂缝带

图 7.8　砂岩和煤岩层同时起裂的近井筒裂缝起裂形态

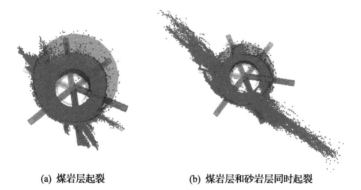

(a) 煤岩层起裂　　　　　　　(b) 煤岩层和砂岩层同时起裂

图 7.9　煤岩层中起裂及煤岩层和砂岩层同时起裂时近井筒裂缝形态对比

育出多条次级裂缝，影响主缝的形成；在砂岩层和煤岩层中同时射孔，裂缝在近井筒部分形成较好的主裂缝面，但是裂缝形态单一。近井筒微裂缝形成过程分为 3 个阶段：垂向裂缝带、微环隙和孔眼突破缝。煤岩层中起裂、砂煤同时起裂的区别是第 3 阶段孔眼突破缝的条数，这也是反映近井筒裂缝复杂程度的一个重要因素。近井筒裂缝复杂将不利于后期加砂并且会使注入压力提高，增加了煤粉堵塞的风险。当砂岩层和煤岩层同时起裂时，煤岩层中裂缝复杂度有效减小，裂缝具有更大的沟通体积，在大段煤中压裂应该同时射开上部部分砂岩层，砂岩层裂缝具有更长的主缝，带动煤岩层中裂缝的扩展，压裂改造效果更好。

2. 不同射孔参数对多层组合裂缝穿层的影响

多产层裂缝穿层扩展中缝高不易控制，在单一煤层射孔时，需要控制缝高扩展，在多层合采时需要对小层进行间接压裂，通过裂缝穿透上下隔层实现间接压裂。当然，在上下隔层具有不一样岩性隔层时，裂缝穿层会出现不一样的结果，3 种模型的裂缝缝高扩展示意图如图 7.10 所示，图中黑色点代表射孔段中心点，长方形代表射孔段长度，箭头代表裂缝垂向扩展的高度范围。

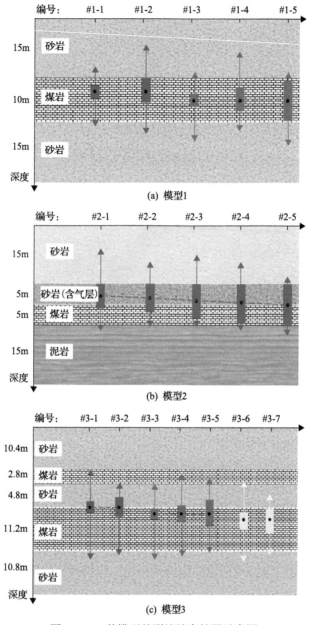

图 7.10　3 种模型的裂缝缝高扩展示意图

　　3 种模型主要验证射孔位置和射孔段长度对裂缝穿层的影响，对比 #1-4 和#1-5 可以看出，当裂缝在单一煤层中扩展时，随着射孔长度的增加，裂缝垂向扩展能力越弱，在煤层上部射孔优于在中部射孔，在煤层中部射孔时，底板中缝高不易控制。煤岩存在较为发育的割理和天然裂缝，打开煤层后压裂液摩阻增大，所以射孔段长度对缝高扩展影响较大。在煤层上下顶底板分别存在砂岩和泥岩时，现场压裂射开全部砂岩层效果较差，虽然砂岩起裂带动煤岩，但是全部打开砂岩顶板起不到很好的控制缝高效果。下层泥岩层对缝高控制效果较好，主要是因为泥岩的蠕变性使泥岩具有不同的控制缝高机制。当遇到多煤层组合时，需要合理利用射孔方式实现穿层效果，图中压裂效果最好的是 #3-1 和 #3-5，裂缝都实现了对薄煤层的间接压裂。在砂煤界面射孔时，随着射孔长度增加，裂缝穿层能力显著下降。当在距离主力煤层顶板 2m 射孔时，整体穿层效果最好；当射孔段为 4m 时，裂缝无法沟通上层薄煤层。

结论：地层岩性组合和施工方式对多层压裂具有显著影响，当上下隔层之间的水平应力差异较大时，通常情况下缝高扩展呈现出较大的非对称性。前人对多层穿层扩展的研究多集中在产层和相邻隔层之间的力学性质，却很少利用上下隔层力学性质来指导施工，所以在压裂施工设计中应该充分考虑上下隔层之间的应力差异，利用这种非对称作用实现对上部或者下部薄煤层的间接压裂效果，如图 7.11 所示。在砂煤互层同时压裂时，利用砂岩带动煤岩扩展。通过数值模拟发现，不管在单一薄煤层中还是多层中压裂，尽量减少射孔长度段是煤层压裂增加裂缝改造体积的重要手段。

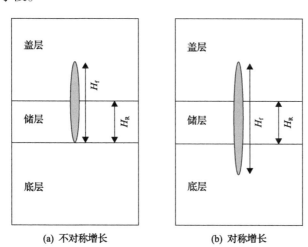

图 7.11　叠置地层两种类型的裂缝缝高扩展

H_f 为裂缝高度；H_R 为储层高度

3. 不同射孔参数对多层组合裂缝开度的影响

选取方案 3 模型结果分析不同层位裂缝开度，研究产层组压裂时不同射孔位置和射孔长度的影响。以射孔点为坐标原点，取裂缝长度方向为 Y 轴方向，裂缝高度为 Z 轴方向，坐标轴选取设置如图 7.12 所示。其中，#3-1、#3-2 为一组对照试验，表示在厚煤层和砂岩层胶结位置射孔；#3-4、#3-5 代表在射孔段位于砂煤界面位置；#3-6、#3-7 代表射孔段全部位于厚煤层中。统计模拟裂缝在缝高和缝长方向开度的变化，并对散点进行多项式拟合。3 组对照试验的裂缝开度如图 7.13 所示。

　　第 1 组试验以砂煤界面作为射孔中心点，射孔段长度分别是 3m 和 5m，如图 7.13(b) 所示，可以看出射孔长度段为 3m 时缝高和缝长方向的开度都要大于 5m 时的情况；如图 7.13(c) 和(d) 所示，当射孔段中心位置设置在偏向厚段煤层时，缝长方向裂缝开度随着射孔长度的变化不大，但是在裂缝高度方向上较小射孔段长度对应更高的裂缝扩展高度；如图 7.13(e) 和(f) 所示，当全部在厚煤层中射孔时，射孔段长度越小，在缝长和缝高方向裂缝的开度都越大，而且射孔段长度的影响比之前两组试验都要明显。这是因为煤层中割理发育，煤层中起裂压裂液流动阻力大，对射孔能量的要求高，所以较小射孔段表现出来的高能量会显著提

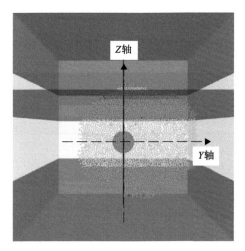

图 7.12　数值模拟中坐标轴选取设置

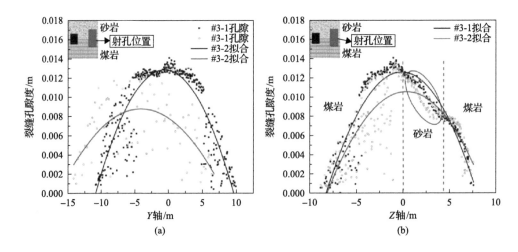

(a)　　　　　　　　　　　　　　　　　　(b)

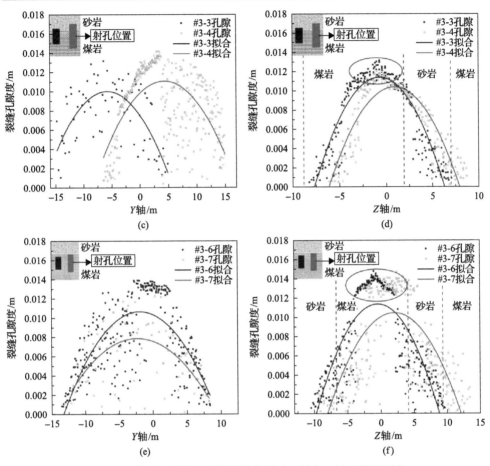

图 7.13　模型 3 地层中不同射孔位置时 Y 轴和 Z 轴上裂缝开度

高煤层开度。如图 7.13(a)、(c) 和 (e) 所示，对比 3 组试验的射孔位置，可以看出在较软地层如煤岩中起裂时，裂缝开度表现得更加分散，水力裂缝的非平面性更强。如图 7.13(b)、(d) 和 (f) 所示，观察裂缝在缝高方向的开度，可以看出裂缝在砂岩中扩展开度普遍小于在煤层中开度。这一方面是因为煤层中弹性模量小于砂岩，泊松比大于砂岩；另一方面是因为在相同垂向压实作用下，煤层中水平地应力往往小于砂岩层。

结论：射孔段全部在煤层中时，射孔段长度对裂缝开度影响显著。当砂岩和煤岩同时射孔时，砂岩和煤岩层中裂缝开度有明显的差异，不利于支撑剂的统一铺置。水力裂缝开度大是形成高导流能力的基础，同时有利于增大改造体积。当裂缝开度太小时，黏性压裂液如瓜尔胶或者直径较大的支撑剂难以进入地层裂缝，不能形成有效的导流裂缝。较硬的岩石（如砂岩）虽然脆性较高，容易起裂，但是扩展过程裂缝开度较小，不能形成有效裂缝，形成的裂缝以微裂缝为主，难以形成有效导流通道，这也是现场中砂岩顶底板控制缝高作用的机制。砂岩层中不仅裂缝开度小，而且裂缝面粗糙度高，在合采过程中应更加注意砂岩层支撑剂的强度。

7.1.5 穿层造缝评价技术

1. 现场压裂井的产量曲线分析和验证

选取现场相邻 3 口多气合采井，通过观察天然气日产量数据，来判断煤层中直接压裂、砂岩层中间接压裂和同时压裂 3 种压裂效果，以此验证同时压裂的可行性和优越性。

选取山西临兴地区实际地层进行验证，临兴地区煤层气埋深均大于 1500m，地层中上覆地应力为最大主应力，压裂裂缝扩展多为垂向裂缝，现场岩石参数与室内物理模拟试验相同，测井曲线显示砂煤互层地层之间有明显厚度的过渡带胶结面。选取临兴地区 3 口典型的压裂井生产数据，这里井号用 A、B、C 表示。

图 7.14 所示为 A 井对应的试验模型 1，A 井为在纯煤层中压裂，煤层厚度在 10m 左右，煤层上下为大段致密砂岩气层，且砂岩气产量明显高于煤层气储量，日产气量数据表现为一条明显的煤层气解析曲线，产气量显示先缓慢增加然后迅速下降，表现为地层中吸附煤层气逐渐析出过程，在产气初期未表现出砂岩气产出特征，所以可以推断该煤层中裂缝未穿透上下砂岩隔层，说明煤层中压裂起裂难以实现砂岩气和煤层气的同时开采。

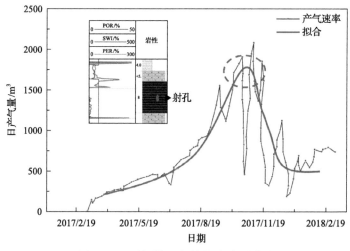

图 7.14　A 井(煤层中射孔)的产量曲线

图 7.15 所示为在砂岩中间接压裂，B 井对应试验模型 2。B 井砂岩底部为小段煤岩，该井日产量数据出现典型的砂岩气开采产量递减特征，但是从开采中期开始，砂岩气产量保持一个平稳的水平，这可能是在开采中期，由于储层压力下

降，砂岩下部的煤层气解析，对砂岩气部分产量进行了接替。这说明在砂岩压裂中，裂缝扩展到煤层形成了有效裂缝，验证了在砂岩中射孔间接压裂煤层可以实现部分合采效果。

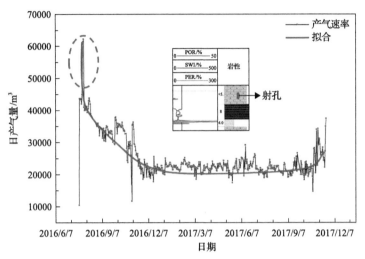

图 7.15　B 井（砂岩中射孔）的产量曲线

如图 7.16 所示，C 井对应的是试验模型 3，在砂岩和煤岩中同时压裂。C 井在开采初期前 3 个月，日产气量逐渐上升至第一个峰值 25000m³；然后由于地层压力衰减产量出现快速递减，并平稳持续一段时间；在第 10 个月左右产量出现另一个峰值，最高日产量达到了 40000m³。这是因为开采初期产量贡献主要是致密砂岩气和部分游离煤层气，随着开采进行，产层中压力下降，煤层气逐渐达到解析压力，煤层气大量解析，产能贡献主要是煤层气，所以出现了第二个峰值，并

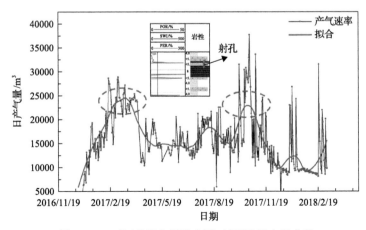

图 7.16　C 井（砂岩和煤岩中同时射孔）的产量曲线

且峰值持续时间短且产量下降速度更快。

C 井的产量曲线出现了两个顶峰，在开采初期由于砂岩中致密砂岩气大量产出，出现了一个产量高峰；在开采后期由于储层压力下降，煤层气大范围析出，导致在开采中期后出现了另一个产量高峰，表明在砂岩和煤岩层同时压裂时，裂缝在砂岩层和煤岩层都出现了较好的裂缝缝网。第二个产量峰值明显大于第一个产量峰值，对比砂岩储量明显高于煤层，可以推断出在合压时，煤层中形成了比砂岩层更好的裂缝缝网。因为砂岩气和煤层气在储层中存储状态不同，当在开采过程控制生产压差在一个适当的范围内时，就可以实现砂岩气和煤层气先后产出，从而减少气体之间的干扰。

对比 3 口井的产量可以看出，在砂岩中压裂初始产量高于在砂岩和煤层中合压的产量，这是因为叠置地层中砂岩气储量明显大于煤岩储量，所以在以砂岩气为主要气体兼顾煤层气开采时，砂岩中射孔间接压裂效果最好。当煤层气和砂岩气两种产量差距不大时，同时压裂可以使气体更好地接替，通过控制压降实现更长的开采时间和更高的产量，这也与试验结论一致。

2. 现场压裂井的应用和声波解释数据验证

本书采用试验和数模得到的参数优化结论，并应用到实际区块中，通过对特定地层中压裂井前后的声波数据进行分析，就可以验证试验参数优化的准确性和可行性。这里分别选取了 M 井和 N 井进行验证。

1) M 井用来验证大段煤层中射孔穿层沟通砂岩的情况

M 井位于临兴厚煤层代表性区块，1919m 以下为石炭系本溪组。在 1928.6～1937.7m 发育一套 9.1m 厚的煤层，其顶部和底部分别为灰岩和砂泥岩地层。根据测井资料计算得到含气量在 23m³/t 左右，评价指数指示该层为高含气量煤层。

参照该井地层条件和试验得到的参数优化结论，设置本井压裂参数如下。

(1)选层：煤层为主力含气层，在煤层中射孔，通过间接压裂沟通下部含气砂岩层。

(2)选择射孔段长度：煤层厚度为 9.1m，选择中等射孔段长度穿层扩展效果好，故选择 4m 射孔段长度。

(3)选择射孔位置：要沟通下部砂岩层，所以选在煤层中部射孔，裂缝倾向于向下部扩展。

(4)选择压裂液：只在煤层中射孔，选择低黏压裂液，为 1.5%（质量分数）KCl + 清水，减少煤层伤害。

(5)选择射孔相位角：选择最优的 60° 相位角进行射孔。

接下来通过三维声波测试对裂缝压裂前和压裂后缝长和缝高进行对比分析，从而得出水力压裂效果，如图 7.17 所示。整体看，8#+9#煤层段下部砂岩压穿，压裂范围为 1914.2～1954.0m（39.8m）。煤层段最大主应力压前为北偏东 45°，受

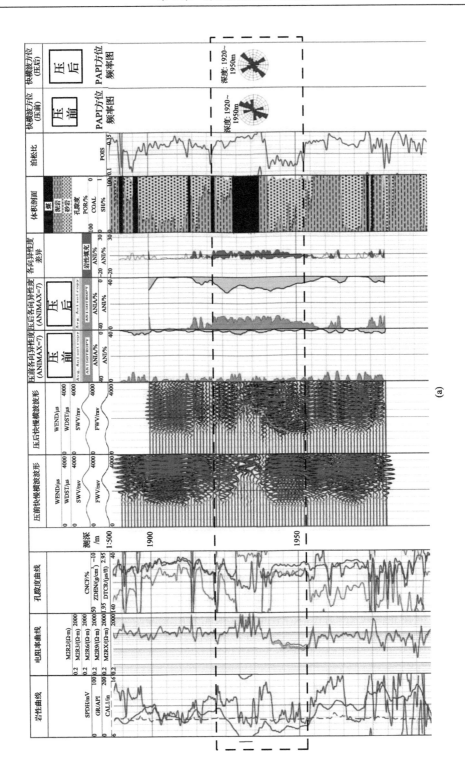

(a)

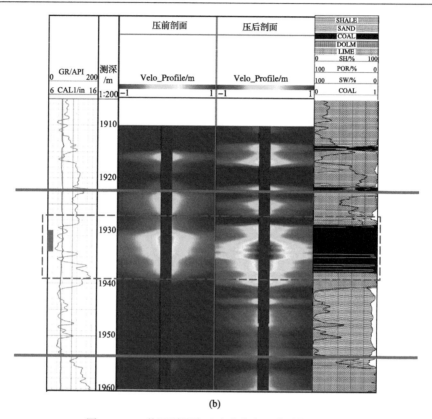

图 7.17　M 井压裂层位地应力方向和声波解释结果

WEND 为计算各向异性关窗时间；WDST 为声波时差；SWV 为方波伏安法；FWV 为全波形反演；
GR 为伽马射线；CALX 为井径；COAL 为煤质含量；SH 为泥质含量

压裂影响压后快横波方位改变。观察裂缝径向变化，可以看出在射孔段附近 1m 内速度变化明显，煤层内速度变化段集中在射孔段附近。

根据上述 M 井三维声波测试结果可以得到以下结论。

(1)整体看，8#+9#煤层段下部砂岩压穿，压裂范围为 1914.2~1954.0m(39.8m)；在 1931~1934.5m 处，井周 1m 内速度变化明显，该段深度与射孔段基本吻合。

(2)煤层段最大主应力方向：压前显示为北偏东 45°，压后主体显示仍为北偏东 45°，但在北偏西 45°方位存在快横波，说明地层北偏西 45°也存在较明显起裂现象；其他方向速度变化相对稳定，但在煤层段显示速度变化南偏西 45°最强、北偏东 45°次之。

(3)由于煤层疏松，速度剖面探测较浅；在致密地层，探深会得到提升。

(4)裂缝在煤层中实现了较好的缝长改造效果，在缝高方向也通过间接压裂实现了大段煤层间接压裂沟通下部含气砂岩层的效果，实现了穿层压裂。

2)N 井验证大段砂岩中起裂沟通中间小段煤层

N 井位于临兴厚煤层代表性区块,如图 7.18 所示,在 1696～1725m 发育一套大段含气砂岩层,其上部、中间和下部含有小段的含气薄煤层。该井对应砂岩中起裂沟通中间小段煤层,压裂效果和裂缝扩展可以根据压裂前后快慢波波形分离程度判断(图 7.19)。

参照该井的地层组合和试验中的压裂选层规律,设置压裂方案如下。

(1)该地层煤层较薄,考虑只在大段砂岩层中射孔,通过间接压裂沟通周边小段煤层,达到多气合采。

(2)施工参数选择:根据现场施工经验,大段砂岩层尽量全部射开,但是考虑到需要缝高方向较大扩展,选取 1700～1718m,射开中间主要砂岩层;射孔相位角选择 60°,选择高黏度压裂液。

(3)该段实施了二次压裂,因为第一次压裂上部砂岩层未被压开,进行了二次压裂。

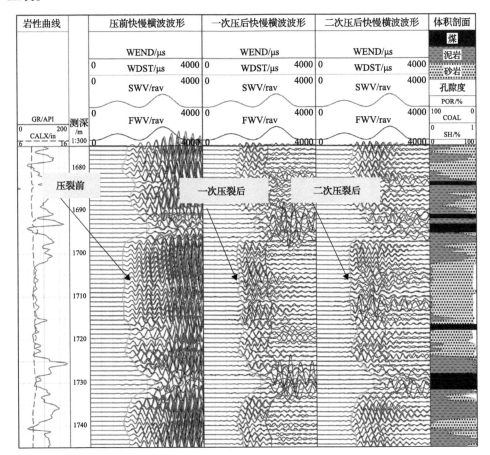

图 7.18　N 井地层图和声波波形对比

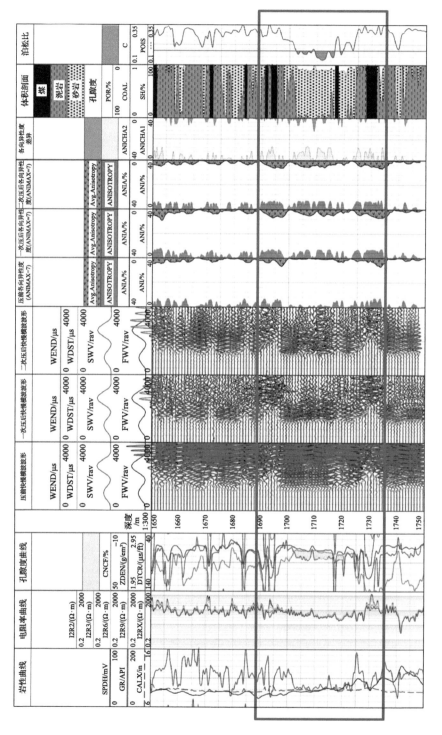

图7.19　(临兴—神府) 典型井压裂前后声波解释结果

POR 为孔隙度; ANISOTROPY 为各向异性

通过套前套后分析各向异性的变化，能够评价压裂层段的压裂效果，实现压裂效果监测，评价压裂缝高度：当压裂段不存在裂缝时，快慢横波时差基本相同，各向异性不明显（图7.20）；当地层被压裂形成垂直裂缝时，各向异性度明显增大，这种各向异性的异化段长度即压裂缝高度，如图7.20所示。

根据 N 井的声波解释结果可以得到以下结论。

（1）第一次压裂前后的各向异性对比：上下煤层各向异性增大，考虑是由于煤层数据不准确导致，砂体上部被压开（中间干层段未被压开）。

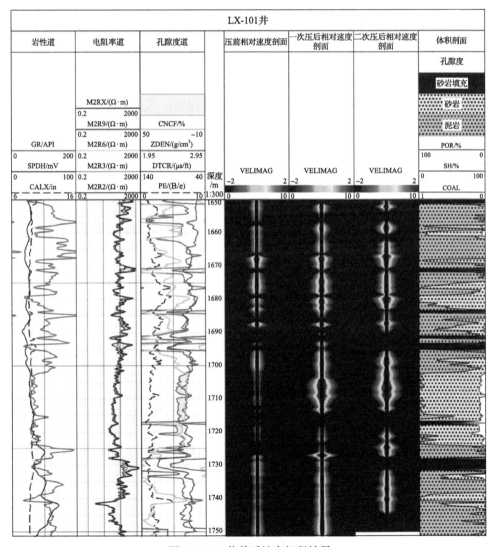

图 7.20　N 井前后缝高解释结果

DTCR 为声波时差；PE 为有效光电吸收截面指数；VELIMAG 用来描述岩石内部通过的声波速度，m/s

（2）第一次压裂后，压裂段径向速度变化明显，受压裂改造作用明显，变化明显层段为1704.2～1711.2m。

（3）第二次压裂后，压裂段上部径向速度变化明显，受压裂改造作用向上延伸9m（1695.2～1704.2m），原有压裂段砂体上部及中间干层受压裂改造效果明显。

（4）裂缝在垂向上实现了穿层，沟通了小段煤层，实现了设计目标多气合采；裂缝在径向上压裂改造效果明显，说明裂缝实现了很好的压裂穿层效果。

7.2 页岩油多储层穿层压裂关键技术

7.2.1 工程背景

东濮凹陷断块复杂，储层致密，水平地应力差大，自然产能低，储层陆相湖盆泥页岩纵向非均质强，岩性变化快，层间胶结面弱，水力裂缝缝高扩展受限，难以沟通多产层，常规压裂难以达到工业产能目标。一体化穿层压裂技术是提高该类型储层的有效手段，而压裂层位、施工参数的选择是实现一体化穿层压裂效果的关键。

通过页岩油不同储层真三轴物理模拟试验，初步认识了直井压裂不同储层中裂缝延伸规律，发现水力裂缝是否穿透层理决定了裂缝形态的发育。但仅通过室内试验无法量化界面强度等因素对缝高的影响，为此，采用数值模拟方法进行页岩油多岩性叠置储层压裂的研究。

7.2.2 全局嵌入内聚力单元方法

数值模拟采用的是ABAQUS软件平台，采用基于有限元的全局嵌入内聚力单元方法。内聚力模型能模拟裂缝尖端两个界面的分离，定义了类似于页岩这种半脆性材料中裂纹尖端的塑性和软化效应，相比线弹性力学模型，内聚力模型能得到更加精确的裂缝形态。采用全局嵌入内聚力单元方法，即将内聚力单元批量嵌入单元网格之间，裂缝沿单元边开裂。

1. 内聚力单元本构模型

采用基于牵引分离规律的线弹性本构模型描述水力裂缝扩展问题，内聚力单元在损伤前满足线弹性关系：

$$\begin{Bmatrix} \sigma_n \\ \sigma_s \\ \sigma_t \end{Bmatrix} = \begin{bmatrix} E_{nn} & E_{ns} & E_{nt} \\ E_{ns} & E_{ss} & E_{st} \\ E_{nt} & E_{st} & E_{tt} \end{bmatrix} \begin{Bmatrix} \varepsilon_n \\ \varepsilon_s \\ \varepsilon_t \end{Bmatrix} \tag{7.12}$$

式中，σ_n 为法向应力，Pa；σ_s、σ_t 为第一切向方向和第二切向方向的剪切应力，

Pa；E 为弹性模量，Pa；ε 为应变。

2. 水力裂缝起裂准则

裂缝起裂遵循最大主应力准则，法向拉应力或切向应力达到最大强度时破坏：

$$\max\left\{\frac{\langle\sigma_{\mathrm{n}}\rangle}{N},\frac{\sigma_{\mathrm{s}}}{S},\frac{\sigma_{\mathrm{t}}}{T}\right\}=1 \tag{7.13}$$

式中，N 为抗拉强度，Pa；S、T 为第一切向方向和第二切向方向的抗剪强度，Pa。

3. 水力裂缝扩展准则

裂缝起裂后的扩展基于有效位移的损伤演化准则，定义损伤变量 D：

$$D=\frac{\delta_{\mathrm{f}}\left(\delta_{\max}-\delta_0\right)}{\delta_{\max}\left(\delta_{\mathrm{f}}-\delta_0\right)} \tag{7.14}$$

式中，δ_{f} 为失效时的有效位移，m；$\delta_{\max}$ 为加载中的有效位移最大值，m；δ_0 为损伤起始演化时的有效位移，m。

7.2.3　穿层压裂数值模型建立

根据研究区域地层条件，建立拟三维水力裂缝扩展模型。模型尺寸为 10m×5m，纵向岩性组合如图 7.21(a) 所示，将第①层砂岩、第⑤层砂岩、第⑨层砂岩设为产层，并在第⑨层中设置一组高渗透率、共轭的弱面，代表裂缝性砂岩中的天然裂缝。采用四边形网格，网格单元尺寸为 0.15m×0.15m，在裂缝扩展区域进行局部加密[图 7.21(b)]。采用与前文压裂试验中岩心深度相近的砂岩-页岩试样进行真三轴试验，测得模型中砂岩、页岩的岩石力学参数，三向地应力大小参照凯塞尔试验地应力测量结果设置(表 7.4)。为保证裂缝在纵向延伸，在紧邻射孔点上下各设置 2 个初始损伤单元。

在模型页岩层中设置层理面[图 7.21(a)中虚线所示]，考虑砂岩-页岩间存在岩性突变界面，在砂岩-页岩接触处设置岩性界面。为定量表征界面强度，根据储层和界面层内聚力单元强度大小关系，定义了无因次界面强度，即

$$\gamma=\frac{T_{\mathrm{I}}/T_{\mathrm{R}}+\sum\limits_{i}\tau_{\mathrm{I},i}/\tau_{\mathrm{R},i}}{3} \tag{7.15}$$

式中，γ 为无因次界面强度，无因次；T_{I} 为界面层的抗拉强度，MPa；T_{R} 为储集

层的抗拉强度，MPa。

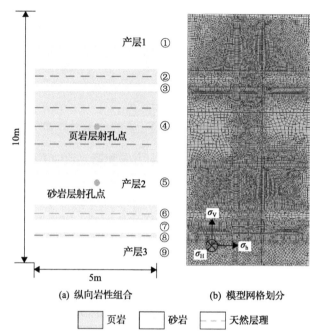

(a) 纵向岩性组合　　　　　　　(b) 模型网格划分

图 7.21　纵向岩性组合及模型网格划分

表 7.4　不同岩心的岩石力学参数

编号	弹性模量/GPa	泊松比	抗压强度/MPa	内聚力/MPa	内摩擦角/(°)
砂岩 1#	32.03	0.280	261.73		
砂岩 2#	25.62	0.290	280.44	25.14	38.65
砂岩 3#	24.87	0.270	267.74		
平均	27.51	0.280	269.97		
页岩 1#	34.41	0.280	274.66		
页岩 2#	21.26	0.290	261.81	17.45	34.23
页岩 3#	24.30	0.280	208.65		
平均	26.66	0.283	248.37		

设置压裂层位、压裂液排量、无因次界面强度 3 个变量进行数值模拟研究。

7.2.4　穿层压裂损伤机制与参数优化

模拟的页岩油储层中页岩、砂岩纵向上交互发育，压裂时人工裂缝在不同岩性层内和层间扩展时裂缝形态存在差异。图 7.22 为在砂岩中压裂时模拟得到的不同时间点位移云图，排量为 1.8m³/min，无因次界面强度为 0.4。由图 7.22 可以看出，水力裂缝扩展至不同层位时形态不同，当水力裂缝扩展至层理发育的页岩层时呈阶梯缝，当水力裂缝扩展至较致密的砂岩层时呈"十"字缝，当水力裂缝遇到裂缝性砂岩层中的天然裂缝时形成"一"字缝。

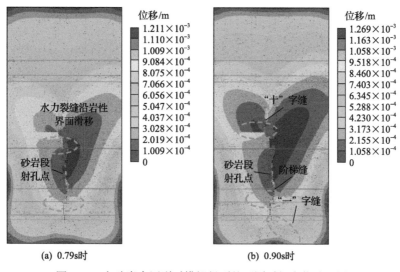

(a) 0.79s时　　　　　　　　(b) 0.90s时

图 7.22　在砂岩中压裂时模拟得到的不同时间点位移云图

提取损伤内聚力单元的破裂类型 MMIXDME 数据 M，M 为 1 表示单元产生剪切损伤，M 为 0 表示单元产生拉张损伤，数值在二者之间表示拉张-剪切混合型损伤[式(7.16)]。在 Matlab 中绘制地层中损伤单元定位图(表 7.6)。

$$M = \frac{G_s + G_t}{G_T} \tag{7.16}$$

式中，G_s 为 II 型拉张断裂能，J；G_t 为 III 型撕裂断裂能，J；G_T 为破裂单元总断裂能，J。

由表 7.5 可以发现，水力裂缝在砂岩或者页岩基质中扩展时，单元 M 值更接近 0，破裂类型多为拉张型。在砂岩层压裂、在页岩层压裂时水力裂缝均沿砂岩-页岩界面产生转向，砂岩-页岩界面抑制了缝高扩展；而两层同时压裂模型中水力裂缝沿砂岩-页岩界面的转向较少，砂岩-页岩界面对缝高的抑制作用不明显。整体上水力裂缝在砂岩中纵向延伸，在页岩中易受层理诱导横向扩展。

表 7.5　页岩油储层穿层压裂数值模拟内聚力单元关键参数

单元类型	参数	数值/MPa
非界面、层理处 内聚力单元	法向应力	6.0
	第一切向应力	20.0
	第二切向应力	20.0
砂岩-页岩界面 内聚力单元	法向应力	1.2
	第一切向应力	4.0
	第二切向应力	4.0
页岩层理 内聚力单元	法向应力	2.0
	第一切向应力	10.0

1. 压裂层位对水力裂缝扩展的影响

为了更直观地展示多因素的影响，统计出各模型压裂后的缝高和损伤单元数，在 Matlab 中绘制考虑多因素的三维散点图（图 7.23）。

无因次界面强度及压裂液排量一定时，不同压裂层位模型的缝高排序由大到小大致为两层同时压裂、砂岩层压裂、页岩层压裂。两层同时压裂模型在④和⑤两个小层射孔，水力裂缝从两处射孔点起裂，缝高延伸最远；砂岩层压裂模型从砂岩层注液，水力裂缝由纹层发育不明显的砂岩起裂，纵向延伸，缝高大于页岩

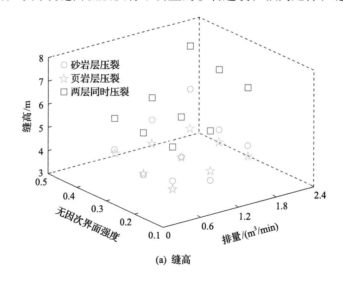

(a) 缝高

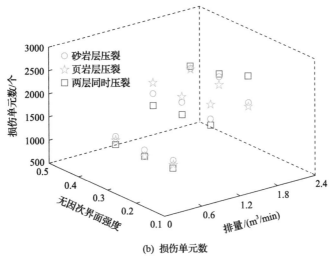

(b) 损伤单元数

图 7.23　页岩油储层不同压裂模型缝高及损伤单元数模拟结果

层压裂；页岩层压裂模型在页岩层射孔，水力裂缝纵向穿越页岩中的多个层理，缝高扩展受到阻碍，所以缝高最小。

压裂层位对损伤单元数的影响在不同排量下存在区别。低排量时，损伤单元数由多到少分别为砂岩层压裂、页岩层压裂、两层同时压裂；中等排量时，损伤单元数由多到少分别为页岩层压裂、砂岩层压裂、两层同时压裂；高排量时，损伤单元数由多到少分别为两层同时压裂、砂岩层压裂、页岩层压裂。结合表 7.5 可以发现，低排量时，砂岩层压裂和页岩层压裂模型中裂缝的横向扩展增加了损伤单元总数；高排量时，两层同时压裂模型中水力裂缝在缝高方向的扩展增加了损伤单元。模拟发现，采用相同的施工参数，两层同时压裂有效提高了水力裂缝缝高。Mutalik 和 Gibson[93]分析了沃斯堡(Fort Worth)盆地采用两层同时压裂的水平井与单层压裂井的生产数据，发现在两层同时压裂井附近形成了更复杂的裂缝网络，产量大幅度提高，与模拟结果一致。

2. 压裂液排量对水力裂缝扩展的影响

无因次界面强度及压裂层位一定时，页岩油储层的缝高和损伤单元整体上随着排量的增加而增加。结合表 7.5 可以发现压裂液排量增加，储层中水力裂缝在纵向上穿透更多层，沿界面延伸距离更远。这是因为单位时间内注入液体积增加，水力裂缝缝尖能量增加，内聚力单元更易损伤。对页岩油储层这种低渗透薄差层而言，排量越大，水力裂缝与天然裂缝沟通形态越复杂，越有利于裂缝穿层延伸。

3. 无因次界面强度对裂缝扩展的影响

压裂层位及压裂液排量一定时，页岩油储层模型的缝高和损伤单元整体上均随界面强度的增加而增加。由表 7.6 可以发现，砂岩-页岩界面强度增加时，水力裂缝沿页岩层理的转向减少，缝高延伸远，穿层效果好，损伤单元整体上增加。这是因为随着界面内聚力单元强度增加，水力裂缝渐进到界面时达到初始损伤条件的内聚力单元减少，裂缝更不易转向。而排量 Q 为 1.8m³/min 时，两层同时压裂模型的损伤单元随着界面强度的增加而减少。高排量与两层同时压裂的组合条件下，随着界面强度的减弱，裂缝沿界面转向对损伤单元数的贡献弥补了缝高不足的影响，导致损伤单元随强度的减弱而增加。侯冰等通过大量的真三轴物理模拟试验发现，弱胶结强度的天然裂缝增加了水力裂缝的转向行为，数值模拟结果与物理模拟结果吻合。

表 7.6　页岩油多储层穿层压裂模拟损伤单元定位

压裂层位	Q=0.6m³/min,γ=0.2	Q=0.6m³/min,γ=0.4	Q=1.8m³/min,γ=0.2	Q=1.8m³/min,γ=0.4
砂岩层压裂				
页岩层压裂				
两层同时压裂				

4. 水力裂缝沟通产层数

根据模拟结果统计了不同压裂层位、压裂液排量、无因次界面强度条件下的裂缝沟通产层情况，并绘制了控制图版 (图 7.24)。在砂岩层压裂，无因次界面强度低于 0.3 或排量低于 1.2m³/min 时，水力裂缝均只能沟通 1 个产层；在页岩层压裂，均沟通了 2 个产层；两层同时压裂，排量为 0.6、1.2、1.8m³/min 时分别沟通了 1、2、3 个产层。

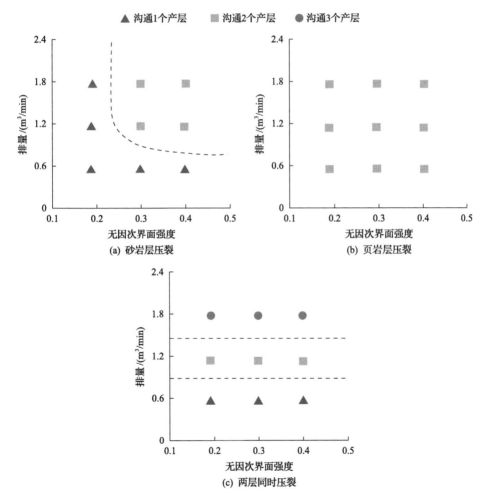

图 7.24　不同层位压裂条件下界面强度和排量对沟通产层数的影响

实际地层条件对产层沟通情况影响较大，虽然界面胶结越好，排量越大，水力裂缝在缝高方向延伸越远，在砂岩层中压裂时缝高大于页岩层中压裂。而由表 7.5 可以看出，在页岩层射孔沟通了第①层砂岩和第⑤层砂岩两个产层。在实际施工中，单一位置射孔时选择合适的射孔位置对沟通多产层至关重要，选择上下产层中间位置的页岩层射孔，虽然缝高扩展受限，但有可能沟通更多产层。

页岩油储层压裂时水力裂缝在不同岩性储层中的扩展形态均存在差异，裂缝性砂岩中水力裂缝呈"一"字形，致密砂岩中呈"十"字形，层理发育的页岩中呈阶梯形，裂缝扩展形态与岩性、层厚、天然裂缝发育程度、界面性质和压裂可控参数等密切相关。不同类型岩层的损伤特征也不同，致密砂岩中水力裂缝在纵向上呈条带状延伸，页岩中水力裂缝易受层理诱导横向扩展。

对于渤海湾盆地东濮凹陷沙三段下亚段页岩油储层，在砂岩层压裂比在页岩层压裂缝高延伸远，而两层同时压裂比单一砂岩层压裂缝高延伸远，因此在压裂设计时要重点分析储层发育特征，优选两层或者多层同时压裂，可有效延伸水力裂缝缝高。

根据储层地质特征选择上下邻近产层、岩性胶结好的位置同时压裂，调整压裂参数，可有效地控制裂缝形态，沟通多产层，获得更大的增产改造体积，为页岩油多储层的多层系穿层压裂设计提供参考。

7.3 立体压裂及分簇射孔关键技术

7.3.1 工程背景

芦草沟组页岩油为源储一体页岩油藏，油藏边界为断层或者尖灭，不发育边底水。芦草沟组上甜点 $P_2l_2^2$ 自上而下划分为 5 个小层，其中油层主要分布在 $P_2l_2^{2-1}$、$P_2l_2^{2-2}$、$P_2l_2^{2-3}$ 3 个小层，如图 7.25 所示。$P_2l_2^{2-1}$ 以砂屑云岩为主，厚度为 9.0～19.4m，平均为 12.1m；$P_2l_2^{2-2}$ 以岩屑长石粉细砂岩为主，厚度为 6.3～11.8m，平均为 8.5m；$P_2l_2^{2-3}$ 以云屑砂岩为主，厚度为 10.6～22.2m，平均为 18.8m。

如图 7.26 所示，A 井钻遇储层的油气主要分布于 $P_2l_2^{2-1}$、$P_2l_2^{2-2}$ 2 个小层，$P_2l_2^{2-3}$ 以干层为主，油气资源稀少，且分布有隔层。A、B 井部署开发层位为 $P_2l_2^{2-2}$，小层中部深度为 2948～3048m。A、B 井所在井区最大水平主应力方向为北西-东南向，角度约为 158°，井眼沿垂直最大水平主应力方向钻进。A 井水平段长度为 1502m，水平段垂深落差为 100m，水平段井斜角为 86.0°～86.5°，接近水平。B 井为 A 井邻井，井眼轨迹、储层油气分布与 A 井一致。

其余工程参数如表 7.7～表 7.11 所示。

7.3.2 3DEC 离散元数值模拟方法

3DEC 是一种三维离散元模型，由经过大量验证的二维离散元模型（UDEC）

发展而来。该模型由不连续的块体和块体连接组成，连接可反映块体间的运动和力学行为。模型整体由离散的块体组装而成，连接视为每个块体变形和运动的边界条件，块体的变形通过有限差分方法计算。相比于其他有限元或有限差分算法，3DEC 更适合用于模拟非连续介质，模型不会因为插入大量不连续体而出现不收敛、无解等现象。数值模型中，块体用于模拟地层中的岩石。为便于理解，后文以"岩块"代替"块体"，接触用于模拟地层中的不连续面；以"裂缝"代替"连接"。

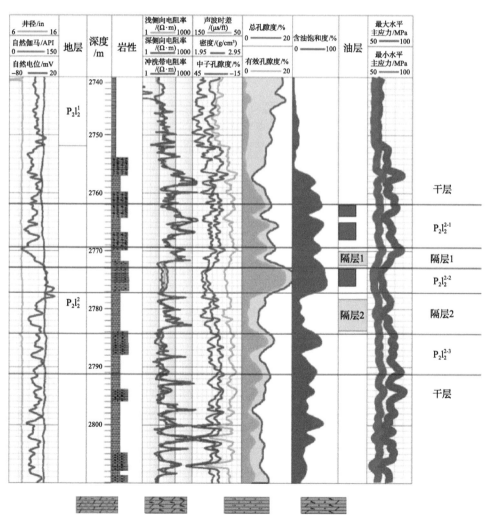

图 7.25　JX01 井综合测井解释

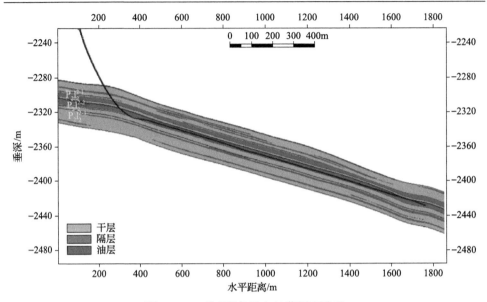

图 7.26　A 井实钻轨迹与油藏剖面关系

表 7.7　储层地应力与物性参数

参数		数值
$P_2l_2^2$ 中部地应力	最大水平地应力/MPa	76.45
	最小水平地应力/MPa	57.85
	上覆应力/MPa	70.63
储层物性参数	地层压力系数	1.31
	油藏中部压力/MPa	36.85
	油藏中部深度/m	2950
	储层渗透率/$10^{-3}\mu m^2$	0.105
	储层岩石密度/(g/cm³)	2.18～2.44
	储层孔隙度/%	12.56

表 7.8　储层岩石力学参数及厚度

参数	顶部干层	$P_2l_2^{2-1}$	泥岩隔层 1	$P_2l_2^{2-2}$	泥岩隔层 2	$P_2l_2^{2-3}$
杨氏模量/GPa	28～35	25～29	28～32	26～30	32～35	25～28
泊松比	0.3～0.34	0.25～0.27	0.3～0.32	0.26～0.34	0.32～0.34	0.24～0.28
平均破裂压力/MPa	62.9	54.9	62.3	54.0	64	54.0
厚度/m	7.0～8.0	9.0～19.4	1.0～2.0	6.3～11.8	4.0～6.0	10.6～22.2

表 7.9　储层天然裂缝参数

参数	数值
层理缝密度/(条/m)	1.2~3.5
层理缝倾角/(°)	0
层理缝长度/cm	10
高角度缝密度/(条/m)	0.02~1.13
高角度缝倾角/(°)	>60
高角度缝长度/cm	20
单位面积内裂缝长度/(m/m^2)	2.389

表 7.10　完井参数设计

参数	数值
簇间距/m	5~15
段间距/m	45
每段簇数	3~5
每簇长度/m	1
孔间隔/m	16
射孔相位角/(°)	60

表 7.11　流体参数

参数	数值
基液黏度/(mPa·s)	3~10
破胶液黏度/(mPa·s)	<3
排量/(m^3/min)	13

　　采用弹性各向同性模型计算岩块的变形, 采用连续屈服模型[32]计算裂缝的力学行为, 包括水力裂缝、天然裂缝和层间界面等。连续屈服模型旨在以一种简单的方式模拟剪切作用下接头渐近损伤的内部机制, 相比于传统的莫尔-库仑模型更能体现裂缝真实的力学行为。连续屈服模型试图描述一些非线性行为, 如裂缝的剪切损伤、法向刚度和法向应力之间的关系及塑性变形导致的膨胀角减小。模型描述如下。

　　法向应力的增量为

$$\Delta \sigma_{n} = k_{n} \Delta u_{n} \tag{7.17}$$

剪应力增量为

$$\Delta \tau = k_s \Delta u_s \tag{7.18}$$

岩块间的裂缝强度为

$$\tau_m = c + \sigma_n \tan \phi_m \, \mathrm{sgn}(\Delta u_s) \tag{7.19}$$

式中，ϕ_m 为内摩擦角；c 为内聚力。

ϕ_m 的计算方法如下：

$$\phi_m = [\phi_m^{(i)} - \phi]\exp(-u_s / R) + \phi \tag{7.20}$$

$$\Delta \phi_m = -1/R (\phi_m - \phi)\Delta u_s \tag{7.21}$$

　　本书岩块间裂缝中流体的流动通过流固耦合方法计算，裂缝的宽度和导流能力由岩块的变形量控制，裂缝中流体的压力也会影响岩块的变形量。采用可压缩瞬态流动模型，该模型的数值方法可以使流体的流动网格化，每个流域初始充满具有初始压力的流体，在模型运行过程中会与相邻的流域发生流体交换，流域间流体的流动由流域间的压差控制，如图 7.27 所示。

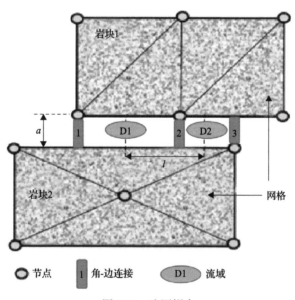

图 7.27　流固耦合

7.3.3　多甜点立体压裂数值模型建立

　　模型以吉木萨尔芦草沟组页岩油储层上甜点的两口水平井（A、B 井）的完井和压裂参数为基础,研究单一压裂段内分簇数量及簇间距对储层改造效果的影响,进而优化段内分簇参数。

A、B 井水平段平均井斜角为 86°~86.5°,接近水平,模型中简化为井斜角为 90° 的水平段。模型尺寸为 80m×100m×300m,其中沿井眼方向长度为 80m,模型厚度为 100m,垂直井眼方向长度为 300m,满足实际压裂过程中缝宽缝长和分段长度的要求。模型地应力设置与真实底层主应力一致。由 A 井剖面可知,A、B 井所在井区主力产层为 $P_2l_2^{2-1}$ 和 $P_2l_2^{2-2}$,$P_2l_2^{2-3}$ 可视为干层,模型中将 $P_2l_2^{2-3}$ 简化为底层的一部分,因此最终将模型分为 5 个小层,各小层的岩石力学参数最终取值如表 7.12 所示。

表 7.12　模型各小层岩石力学参数

参数	顶层	$P_2l_2^{2-1}$	泥岩隔层	$P_2l_2^{2-2}$	底层
杨氏模量/GPa	35	25	32	26	35
泊松比	0.34	0.25	0.34	0.26	0.34
小层厚度/m	35	16	2	12	35

由于模型纵向小层间岩石力学参数差异较大,因此对预置水力裂缝不同层位的裂缝法向和切向刚度进行区别设置。此外,层理缝、高角度天然裂缝和层间界面的相应力学参数也都分别设置。模型微观力学参数如表 7.13 所示。

表 7.13　模型微观力学参数

参数	水力裂缝(油层)	水力裂缝(顶、底、夹层)	层理缝	高角度天然裂缝	层间界面
法向刚度/(GPa/m)	78	135	78	78	105.3
切向刚度/(GPa/m)	39	67.5	39	39	52.6
内摩擦角/(°)	30	30	20	20	30
黏聚力/MPa	5	15	0.5	0.05	10
膨胀角/(°)	7.5	7.5	7.5	7.5	7.5
初始宽度/mm	0.05	0.05	0.05	0.1	0.05

模型中天然裂缝包括层理缝和高角度天然裂缝,天然裂缝数量及产状的设置以表 7.8 中的统计资料为基础,结合模型单元大小进行调整。为简化模型层理缝和天然裂缝,基础边长均设置为 15m,形状为正方形,层理缝倾角为 0°±5°,高度角天然裂缝倾角为 70°±5°。表 7.8 的统计结果来源于取心资料和成像测井资料,统计资料主要反映井壁的裂缝发育状况,因此以井壁面积和长度为基础计算裂缝密度及裂缝面积。水平段钻头尺寸为 Φ215.9mm,模型中水平段长度为 80m,水平段井壁面面积约为 3m²,可得井壁内裂缝总长度为 7.2m。以井眼轴线为中心,

半径 15m 控制体范围内裂缝面积为 $108m^2$，模型垂直井眼方向面积为 $3 \times 10^4 m^2$，计算得出模型内裂缝总面积为 $1.84 \times 10^4 m^2$，单个裂缝的面积为 $225m^2$，计算的裂缝条数约为 82 条。根据裂缝密度参数将高角度天然裂缝和层理缝条数比例设置为 1 : 2，因此模型中共设置随机裂缝 82 条，其中高角度天然裂缝 27 条，层理缝 55 条。数值模型几何形态如图 7.28 所示。

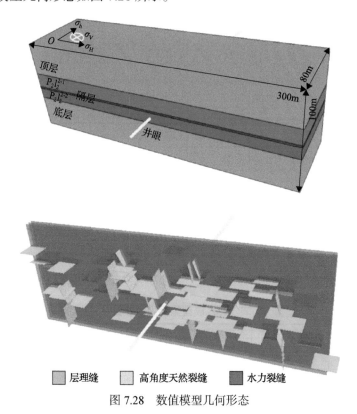

图 7.28　数值模型几何形态

模型流体参数以表 7.10 为基础，流体黏度设置为 5mPa·s，排量为 0.217m³/s。以上述参数为基础建立数值模型，共进行 8 组数值模拟，探究吉木萨尔芦草沟组超低渗裂缝性地层中多簇裂缝竞争扩展规律，如表 7.14 所示。

表 7.14　数值模拟变量设置

簇间距/m	分簇数		
	3	5	7
4	√	√	√
8	√	√	√
12	√	√	—

注："√"表示进行数字模拟；"—"表示没有进行数值模拟。

为验证模型的可行性和可靠性，利用等尺寸不分层的单一水力裂缝简化模型进行验证。模型中的力学参数采用 $P_2l_2^{2-2}$ 小层对应的力学参数，验证模型模拟结果如图 7.29 所示。

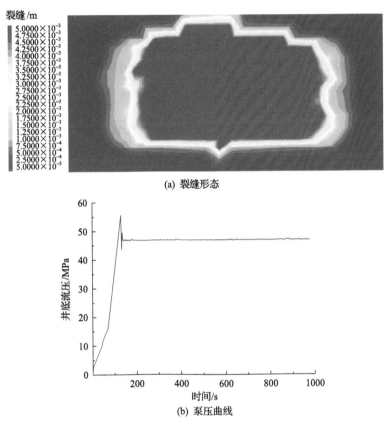

(a) 裂缝形态

(b) 泵压曲线

图 7.29　简化模型验证结果

由图 7.29 可知，在表 7.11 和表 7.12 所述储层地质力学参数和微观力学参数下，简化模型中水力裂缝基本按双翼缝的形态扩展，且破裂压力与表 7.8 所示 $P_2l_2^{2-2}$ 小层平均破裂压力相符，因此所建立模型可以准确地反映吉木萨尔芦草沟组页岩油储层压裂过程中水力裂缝的真实扩展行为，可用于分簇参数优化研究。

7.3.4　密切割压裂多簇间距优化技术

本节共进行了 8 组数值模拟，分别对储层中泥岩隔夹层对裂缝扩展的影响、天然裂缝和层间界面对裂缝扩展的影响、缝间相互干扰及 SRA 进行对比分析，得出超低渗裂缝性地层中多簇裂缝竞争扩展规律。模型停止时间以 3 簇射孔横切缝扩展充分为判据，即以裂缝扩展到模型边界为准，其余模型的运行时间与上述相同，无法完全与现场注液时间准确对应，模型运行虚拟时长为 2700s。

1. 多簇裂缝竞争扩展规律

前人大量的试验和数值模拟研究表明，压开的水力裂缝会在缝宽方向一定范围内产生诱导应力，诱导应力会影响相邻水力裂缝的起裂和扩展。在三维地层中，受诱导应力影响的水力裂缝会表现为起裂后转向、扩展范围减小等现象。所用数值模型预置裂缝形态为平面缝，可以用于分析裂缝间的相互干扰和竞争扩展问题。通过三维模型进行研究，较准确地体现了密切割压裂工艺簇间裂缝的竞争扩展及真实裂缝形态。

如图 7.30 和图 7.31 所示，在相同排量和注液时间条件下，分簇数越多，簇间距越小，簇间裂缝的竞争扩展越激烈，簇间裂缝的 SRA 差异性增加，单条横切缝的 SRA 下降，且裂缝宽度分布非均匀性增加，相邻横切缝的挤压作用导致近井区域裂缝宽度较窄，不利于支撑剂的运移和铺展。

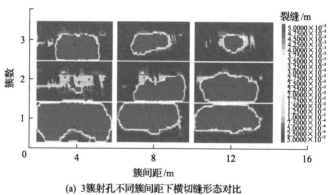

(a) 3簇射孔不同簇间距下横切缝形态对比

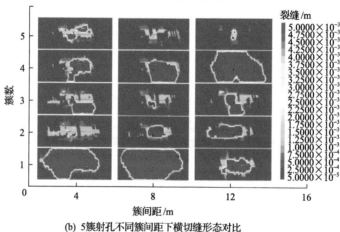

(b) 5簇射孔不同簇间距下横切缝形态对比

图 7.30　不同分簇数和簇间距下横切缝形态对比

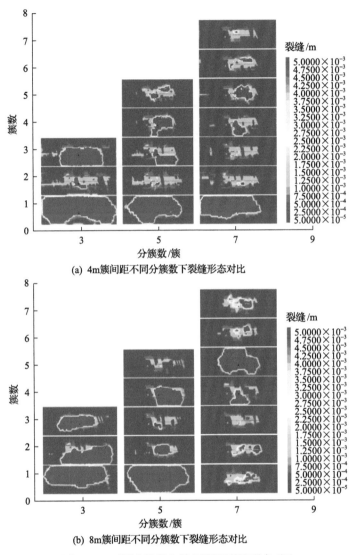

(a) 4m簇间距不同分簇数下裂缝形态对比

(b) 8m簇间距不同分簇数下裂缝形态对比

图 7.31 不同分簇数和簇间距下裂缝形态对比

图 7.32 为 8 个模型每簇横切缝 SRA 随时间增长曲线的对比。由图 7.32 可知，随着簇间距的增加，横切缝间的竞争扩展程度减弱，横切缝 SRA 差异减小；随分簇数的增加，横切缝间的竞争扩展程度增强，簇间裂缝 SRA 差异增加。图 7.32 中分 7 簇射孔 4m 簇间的竞争曲线显示，第 1 簇裂缝 SRA 约为其余簇的 3 倍，簇间裂缝的竞争扩展极为不平衡；而分 3 簇射孔 12m 簇间距的竞争扩展曲线显示 3 簇射孔裂缝的 SRA 差异小，簇间裂缝的竞争扩展较为平衡。

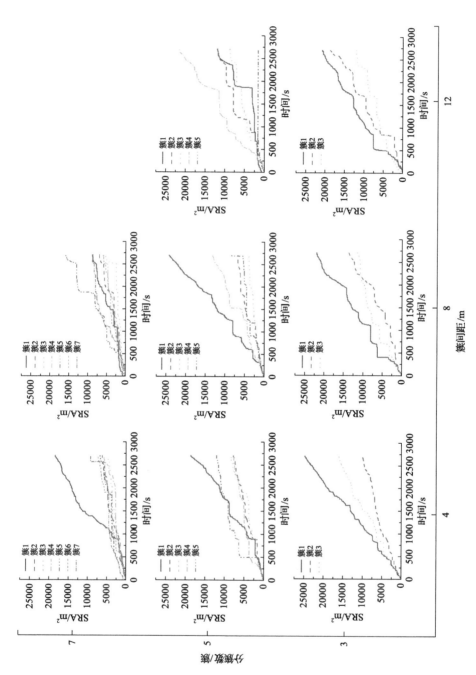

图7.32 不同分簇数和簇间距下裂缝的竞争扩展

裂缝在起裂阶段几乎没有竞争扩展现象，裂缝竞争扩展关键期在250~1000s阶段，即压裂施工的前1/3时间段，之后处于扩展优势的裂缝便会保持优势以更快的速度扩展，造成簇间裂缝扩展不平衡。处于多簇射孔两端的射孔簇更容易在裂缝的竞争扩张中取得优势，分簇数为5簇以上的压裂段仅有一条横切缝可获得扩展优势。

如图7.33(c)所示，簇间距为12m时横切缝缝宽分布最为均匀，但横切缝SRA分布差异性最大，与图7.33(a)形成鲜明对比。簇间距越小，诱导应力对相邻裂缝的挤压越严重。诱导应力对相邻裂缝的挤压体现为两点：①与充分张开横切缝相邻的横切缝缝宽较小；②相邻裂缝缝宽为4~5mm区域重合度低。如图7.30所示，簇间距为4m时2、3、4簇横切缝红色区域重合度低，簇间距为8m和12m的模型重合度较高。在压裂前期裂缝宽度较大的横切缝更易在竞争扩展中获得优势，形成充分张开的横切缝；在竞争扩展中处于极大劣势的横切缝难以形成有效改造效果，如图7.33(c)中第5簇横切缝，仅在近井区域压开小面积裂缝。

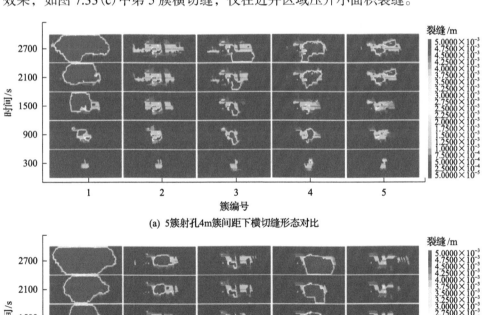

(a) 5簇射孔4m簇间距下横切缝形态对比

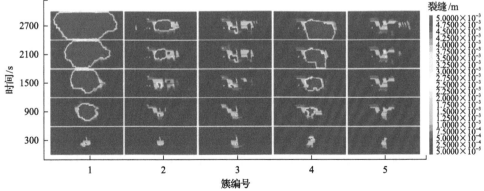

(b) 5簇射孔8m簇间距下横切缝形态对比

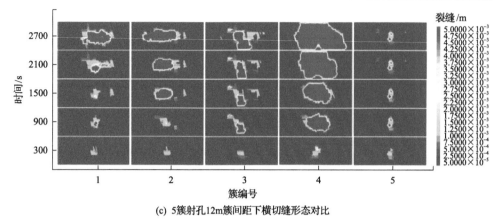

(c) 5簇射孔12m簇间距下横切缝形态对比

图 7.33　5 簇射孔不同簇间距下横切缝形态对比

2. 横切缝的穿层扩展

为最大程度地动用储层油气资源，对于具有隔夹层的储层，在压裂过程中必须考虑横切缝的纵向穿层扩展，所涉及泥岩隔层厚度为 2m，厚度较薄，对水力裂缝的阻挡作用弱，由图 7.30 和图 7.31 可知，横切缝均穿透了泥岩隔层。对于裂缝竞争扩展过程中处于优势的横切缝，压裂过程中水力能量充足，裂缝的宽度不受隔夹层和顶、底层的影响。

由图 7.30、图 7.31 和图 7.33 可知，虽然层理缝的数量是高角度天然裂缝的 2 倍，但主要阻滞和捕获横切缝扩展的依然是高角度天然裂缝。在裂缝起裂扩展初期，高角度天然裂缝可帮助横切缝穿层扩展，图 7.33 中时间为 300s 和 900s 的图片均体现出高角压裂度天然裂缝在横切缝穿层扩展中的作用。在裂缝扩展中期即 900~2100s 阶段，高角度天然裂缝对于具有扩展优势的横切缝影响较小，但对处于竞争扩展劣势的横切缝影响较大，如图 7.33(a)中第 2 簇横切缝、图 7.33(b)中第 5 簇、图 7.34(c)中第 3 簇等，横切缝均被高角度天然裂缝切割成多个不连续的碎片，不利于支撑剂的铺展和页岩油的渗流。

3. 裂缝系统 SRA 分析

在超低渗储层中需要通过密切割体积压裂对储层进行深度改造，在储层中建立大量的渗流通道，以减小油气资源通过储层岩体渗出的流动阻力。SRA 很大程度决定了改造区域储层油气资源的动用量，是超低渗储层改造效果的重要指标。为分析裂缝性地层中 SRA 与簇间距和分簇数之间的关系，数值模拟过程中实时记录了天然裂缝、横切缝和层间界面的 SRA 的变化曲线，并进行了统计，如图 7.34 所示。

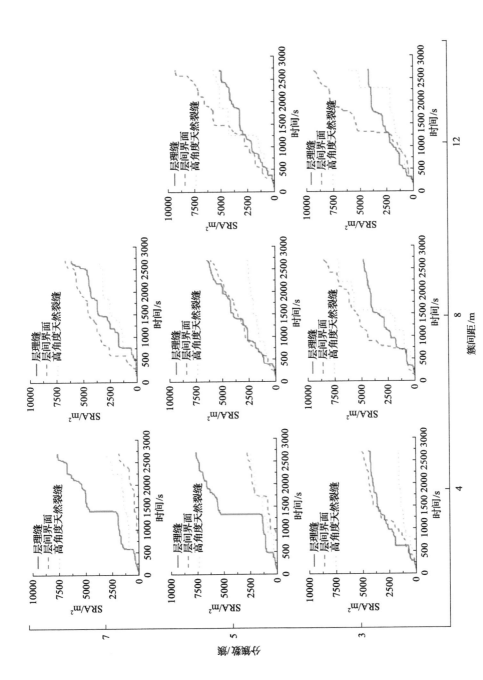

图7.34　不同分簇数和簇间距下层理缝、高角度天然裂缝和层间界面的扩展规律

对比图 7.32 和图 7.34 可知，层理缝、高角度天然裂缝和层间界面 SRA 远小于横切缝 SRA，层理缝 SRA 与分簇数正相关，层间界面 SRA 与分簇数负相关；多分簇会挤压层间界面的扩展空间，同时沟通更多数量的层理缝。层理缝 SRA 随簇间距增加而减小，层间界面随簇间距增加而增加；大簇间距为层间界面提供了足够的扩展空间，有利于横切缝充分扩展，从而沟通并激活更多高角度天然裂缝；大簇间距条件下，层间界面会占用更多水力能量，从而限制层理缝扩展。层理缝和层间界面的扩展呈竞争特征，因此为抑制层间界面的激活和扩展，宜采用小簇间距、多分簇的完井方案。

图 7.35(a) 为 8m 簇间距不同分簇数下裂缝系统 SRA，图 7.35(b) 为 5 簇射孔

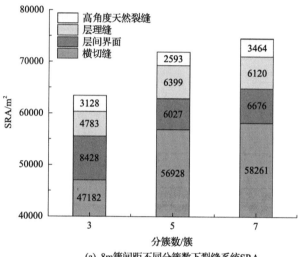

(a) 8m簇间距不同分簇数下裂缝系统SRA

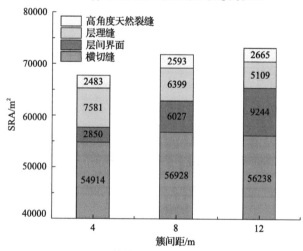

(b) 5簇射孔不同簇间距下裂缝系统SRA

图 7.35　不同分簇数和簇间距下裂缝系统 SRA

不同簇间距下裂缝系统 SRA。如图 7.35 所示，裂缝系统 SRA 与分簇数正相关，裂缝系统 SRA 与簇间距正相关。由图 7.35(a)可知，同一簇间距下，随分簇数增加，裂缝系统 SRA 增量主要体现为横切缝 SRA 的增加，其次是层理缝 SRA 的增加。同一簇间距下，5 簇射孔较 3 簇射孔横切缝 SRA 增量为 9746m^2，7 簇射孔较 5 簇射孔横切缝 SRA 增量仅为 1333m^2，可知分簇数对横切缝 SRA 影响较大，但随分簇数增加，横切缝 SRA 增量减小。由图 7.35(b)可知，同一分簇数下，随簇间距增加，裂缝系统 SRA 增量主要体现为层间界面 SRA 的增加，而横切缝和天然裂缝的增量较小，其中层理缝 SRA 增量约为 1200m^2，高角度天然裂缝 SRA 增量约为 100m^2。层间界面位于储层与隔层和顶、底层之间，层间界面的激活会制约水力裂缝的扩展，且由于界面位于油层和干层之间，对产量贡献小，因此在压裂改造过程中应尽量避免大量激活层间界面。

由图 7.35 可知，天然裂缝的 SRA 约占裂缝系统总 SRA 的 12.5%。但天然裂缝是将裂缝系统复杂化的重要因素，Cipolla 等研究表明，当储层渗透率低于 0.01×1^{-3}μm^2 时，次生裂缝网络对产量贡献率约为 40%；当储层渗透率低于 0.0001×10^{-3}μm^2 时，次生裂缝网络对产量贡献率约为 80%，因此天然裂缝仍是页岩油储层压裂改造方案设计的重要考虑因素。

4. 裂缝系统缝宽分布分析

图 7.36 中 x 轴为裂缝宽度，分别为<1mm、1~2mm、2~3mm、3~4mm、4~5mm；y 轴为对应宽度下裂缝的 SRA。由图 7.36 可知，裂缝宽度呈两极分布，宽度为<1mm 和 4~5mm 占据了绝大部分 SRA，而 1~4mm 宽度占比很小。3 簇射孔模型中缝宽分布几乎不受簇间距影响。5 簇射孔模型簇间距为 4m 时，缝宽<1mm 的面积占比大幅提升；而簇间距为 8m 或 12m 时，裂缝宽度分布与 3 簇射孔模型相似。7 簇射孔模型缝宽为 4m 或 8m 时，裂缝宽度分布均以<1mm 为主。图 7.36 中红色线框内裂缝宽度分布类型不利于支撑剂的运移和铺展，难以形成高导流能力的裂缝系统。

5 簇射孔 8m 簇间距和 12m 簇间距模型分别与 7 簇射孔 4m 簇间距和 8m 簇间距的 SRA 相近，但 5 簇射孔模型的缝宽分布集中于 4~5mm，7 簇射孔模型缝宽集中分布于<1mm，因此应优先选用 5 簇射孔 8m 或 12m 簇间距进行完井方案设计。

5. 分簇数和簇间距对裂缝系统波及范围的影响

页岩油、致密油储层中，储层改造后的泄流面积是油井产量的决定性因素；而对于裂缝性地层，天然裂缝是储层改造后裂缝网络的重要组成部分，充分沟通激活层理缝和高角度天然裂缝可以极大提高储层油气的动用量。以 8m 簇间距不同分簇数和 5 簇射孔不同簇间距 5 个模型的模拟结果进行讨论，如图 7.37 所示。

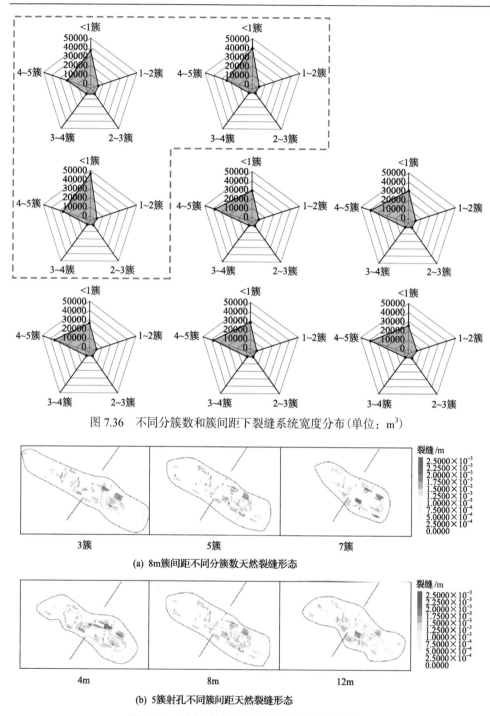

图 7.36 不同分簇数和簇间距下裂缝系统宽度分布(单位：m³)

(a) 8m簇间距不同分簇数天然裂缝形态

(b) 5簇射孔不同簇间距天然裂缝形态

图 7.37 不同分簇数和簇间距下天然裂缝形态

由图 7.37 可知，在相同排量和注液时间条件下，同一簇间距，随分簇数的增加，裂缝系统的波及范围逐渐缩小，主要原因是随分簇数增加，横切缝的扩展范围受限；同一分簇数，随簇间距的增加，裂缝系统的波及范围变化较小，可知裂缝系统的波及范围的主控因素是分簇数。7 簇射孔、4m 簇间距条件下，裂缝系统主要分布于以井筒为中心，长轴半径为 65m，短轴半径为 25m 的椭球形范围内；3 簇射孔、8m 簇间距条件下，裂缝系统主要分布于以井筒为中心，长轴半径为130m，短轴半径为 35m 的椭球形范围内。

6. 裂缝的非平衡扩展与有效改造面积

模型中储层为 $P_2l_2^{2-1}$ 和 $P_2l_2^{2-2}$，包括中间泥岩隔层储层总厚度为 30m，顶层和底层为干层，裂缝在干层中扩展无益于储层改造，会造成水力能量和材料的浪费。本节统计了 8 个模型位于储层中的 SRA，即 ESRA 占总 SRA 的比例，如图 7.38 所示。

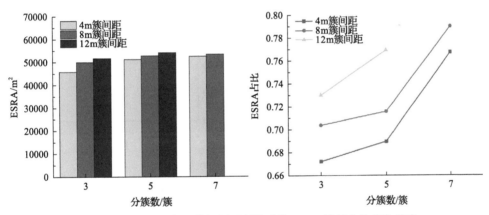

图 7.38　不同分簇数和簇间距下裂缝系统 ESRA 及其占比变化规律

由图 7.38 可知，在相同排量和注液时间条件下，裂缝系统 ESRA 分布于 45000～54000m²，5 簇射孔和 7 簇射孔在相同簇间距下 ESRA 相差均在 1000m² 以内；裂缝系统 ESRA 占比在 0.68～0.79，裂缝系统 ESRA 与分簇数和簇间距均呈正相关；分簇数的增加导致了水力能量的分散，导致横切缝不能充分扩展，但裂缝穿透到干层中扩展的现象也减少，优先在油层中扩展，7 簇射孔 8m 簇间距模型 ESRA 占比最高；簇间距的增加会削弱诱导应力对相邻裂缝的挤压作用，得到较高的 ESRA 占比。

7.3.5　多簇水力压裂参数优化

1. 分簇参数优化

在相同排量和注液时间条件下，裂缝系统 SRA 及波及范围的主控因素均为分簇数，裂缝系统 SRA 与分簇数呈正相关，裂缝系统波及范围与分簇数呈负相关。分簇数越多，水力能量越分散，导致横切缝不能充分扩展，但裂缝穿透到干层中扩展的现象也减少。在相同排量和注液时间条件下，簇间距越大，诱导应力对相邻横切缝的挤压作用越弱，横切缝的裂缝形态趋于规则，缝宽分布趋于均匀。

对于厚度较小的页岩油储层，在最大水平地应力大于上覆应力但应力差较小的应力条件下，应该采用多分簇、大簇间距的完井设计方案，分散水力能量，减弱相邻裂缝的挤压作用，使水力裂缝在油层中充分扩展，得到最高的 ESRA 和 ESRA 占比；若采用少分簇、小簇间距完井方案，则会导致裂缝系统大量存在于储层顶部和底部的干层中，增加无效改造面积的占比。

结合图 7.39 和图 7.40，对于设计压裂段长度≤50m、井间距为 150～300m、储

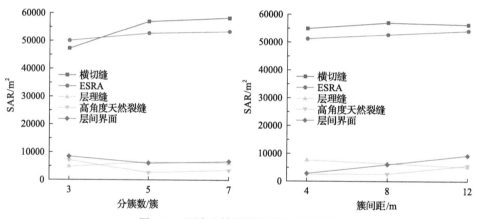

图 7.39　页岩油储层裂缝系统组分评估

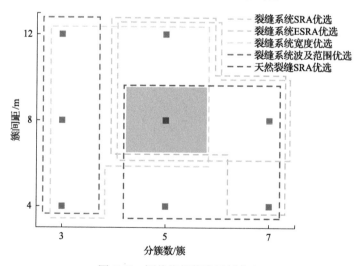

图 7.40　评价指标优选区域分布

层厚度≤30m、层理缝发育、上覆应力与最大水平主应力应力差为6MPa的工况，为得到最优的储层改造效果，应采用5簇射孔8m簇间距的完井方案。该方案可以得到较高的ESRA，裂缝系统ESRA占比可达72.4%，裂缝系统SRA为72799m²，裂缝系统ESRA面积为52680m²，裂缝宽度分布以4~5mm为主，裂缝宽度分布为均匀。

若井间距离<150m，建议采用7簇射孔、4m簇间距方案完井；若井间距>300m，建议采用3簇射孔、12m簇间距方案完井。

若储层中层理缝发育良好，则优先选择小簇间距；若储层中高角度天然裂缝发育良好，则优先选择大簇间距；若储层非均质性强，容易造成横切缝的不平衡扩展，则优先选择大簇间距；若储层中层间界面强度弱，易被激活，则优先选择小簇间距。

2. 注液方案优化

在相同排量和注液时间条件下，5簇、7簇射孔方案横切缝难以充分扩展，为得到更大的SRA和裂缝系统波及范围，多分簇应采用增加压裂时长方案，使横切缝得到充分扩展。

由图7.33可知，多簇裂缝扩展竞争区间为模型虚拟时间250~1000s的范围内，即真实压裂施工时长的前1/3时间范围内，因此建议在压裂施工到达时长的1/3时注入适量暂堵剂，提前对获得竞争优势的裂缝进行轻封堵，减弱多簇横切缝不平衡扩展程度。

3. 完井方案优化

多簇裂缝同时扩展会有明显的竞争扩展现象，处于多簇射孔两端的射孔簇更容易在裂缝的竞争扩张中取得优势。对于密切割体积压裂，压裂施工结束后，每段裂缝系统波及范围的包络面如图7.41所示。

由于裂缝的竞争扩展，分簇数为5簇以上的多簇裂缝竞争扩展过程中仅有1簇会获得扩展优势。由图7.31和图7.32可知，对于5簇和7簇射孔，获得扩展优势的横切缝缝长可达其他射孔簇的2倍及以上，而且位于多簇射孔两端的射孔簇更容易取得扩展优势，因此多簇射孔裂缝系统的包络面呈现"礼帽"形状，如图7.41所示。相邻水平井压裂段应交错布置，如图7.41(b)所示。相比于图7.41(a)的布置方案，图7.41(b)的布置方案可以有效缩短邻井间未被水力裂缝波及的岩体中油气渗流到裂缝系统的距离，可以更加有效地动用储层资源。此外，图7.41(b)中的布置方案可以有效防止邻井具有扩展优势的横切缝相互沟通。

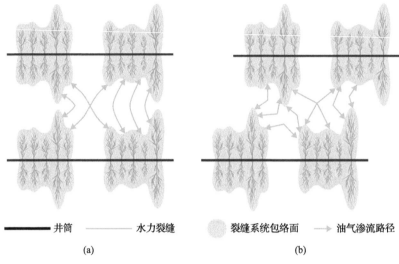

———— 井筒 ———— 水力裂缝 ⬤ 裂缝系统包络面 ➔ 油气渗流路径

(a)   (b)

图 7.41 裂缝系统波及范围的包络面

为了最大程度调动储层油气资源，油田在产量明显降低后，会在已有水平井间加钻加密井，以调动之前压裂改造没有波及的储层。对于吉木萨尔区块，加密井的位置需要根据生产井的完井参数划定位置。若生产井采用分簇数较多(5~7簇)且簇间距较小(4~8m)，则加密井与生产井间距应采用 150~300m，压裂段位置应与生产井交错布置。

4. 压力曲线对比验证

吉木萨尔区块 A、B 井分别采用每段 3 簇射孔和 5 簇射孔完井，现场射孔过程中为避开套管接箍，使段内簇间距均匀，从现场资料中选取分 5 簇射孔平均簇间距为 8m 的压裂段压裂曲线与相应数值模拟曲线进行对比分析，以验证分析结果的可靠性和实用性。

如图 7.42 所示，上轴为现场压力曲线对应时间轴，下轴为数值模拟压力曲线对应时间轴。在数值模拟中，裂缝的起裂压力较现场数据低 6~7MPa，起裂压力约为 61MPa。由于现场压裂过程中要添加支撑剂及其他试剂，而数值模拟没有考虑支撑剂对流体黏度及流动阻力的影响，因此数值模拟整体压力偏低，在误差范围内。由图 7.42 可知，数值模拟虚拟时间 250~1000s 范围内是多簇裂缝竞争扩展的关键时期，图中用红色短框圈出，可以看出在簇间裂缝竞争扩展初期的压力波动最为显著，现场压力曲线在相应时间段内压力波动也最为剧烈，可见重点讨论的簇间裂缝竞争扩展在压力曲线响应上与现场真实情况相符。

本节基于 3DEC 离散元数值模拟方法建立了吉木萨尔页岩油储层三维密切割体积压裂裂缝扩展模型，从立体角度描述分析了多簇裂缝竞争扩展规律，根据裂

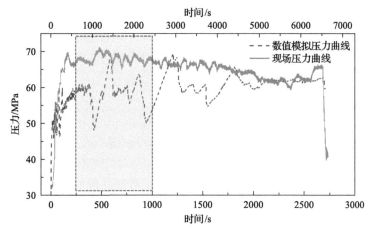

图 7.42　数值模拟压力曲线与现场压力曲线对比

缝系统的 SRA、ESRA、缝宽、波及范围等评估了不同施工条件下的储层改造效果，提出了吉木萨尔区块的分簇参数、注液方案和完井方案的优化方法。

(1)多簇裂缝竞争扩展主要发生于压裂施工前 1/3 阶段，影响裂缝竞争扩展的主控因素是缝间应力干扰和天然裂缝，其中应力干扰会造成多簇裂缝不平衡扩展，使裂缝宽度呈两极分布特征，主要分布于<1mm 和 4～5mm 的区间；高角度天然裂缝易阻滞和捕获横切缝。

(2)位于多簇射孔两端的射孔簇更易取得竞争扩展优势，分簇数为 5 簇以上的多簇裂缝竞争扩展过程中仅有 1 簇会获得扩展优势，使多簇裂缝系统的包络面呈现"礼帽"形状。邻井压裂段交错布置可以有效缩短邻井间未被水力裂缝波及的岩体中油气到裂缝系统的渗流距离，并且可以防止邻井具有扩展优势的横切缝相互沟通。

(3)在相同排量和注液时间条件下，分簇数增加及簇间距减小会导致簇间裂缝的竞争扩展程度增强；分簇数和簇间距与裂缝系统的 SRA、ESRA 正相关，多分簇不利于裂缝系统波及范围的延伸，大簇间距不利于层理缝的激活和扩展。

(4)对于吉木萨尔页岩油储层(厚度≤30m)，在压裂段内宜采用多分簇、大簇间距的完井设计方案，配合增加压裂时长、小井间距等施工方案，井间距宜控制在 150～300m。采用 5 簇射孔 8m 簇间距方案完井，确保裂缝系统充分扩展的同时可以得到较高的 ESRA，以最大程度调动储层资源量。

7.4　巨厚储层穿层一体化压裂设计技术

7.4.1　工程背景

水力裂缝由砂岩层向泥质夹层扩展时，岩石强度、物性及应力分布会发生变化，导致破裂压力、延伸压力及裂缝形态发生变化。结合上述高温高压砂、泥岩特征变化试验，模拟计算过程中考虑高温高压对深井超深井砂、泥岩层的影响及泥质夹层的非线性本构关系。对巨厚砂、泥互层储层压裂裂缝形态的影响因素进行分析，提出裂缝一体化压裂垂向扩展评价方法。

7.4.2　巨厚储层穿层压裂模拟方法

模型采用 ABAQUS 与 FORTRAN 开发子程序相结合，选取我国西部油田某井区对深井超深井巨厚储层水力裂缝垂向扩展形态的影响因素进行分析，模型尺寸为 400m×400m×205m，模拟泥岩层层厚及层数随井位的不同而不同，泥质夹层层厚为 1～20m，模拟过程中在储层顶底边界设置隔层(图 7.43)，观察分析裂缝在井周一点砂岩层起裂后受砂、泥岩层间应力差、脆性差、泥质夹层的厚度和裂缝起裂点及施工排量，泥质夹层层厚及其分布及射孔位置的影响下裂缝垂向扩展的形态。模拟计算假设裂缝沿水平最大地应力方向起裂和扩展。

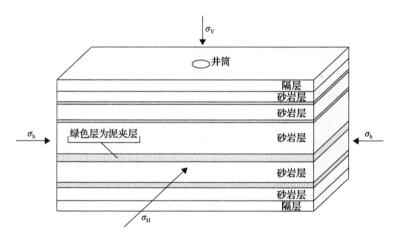

图 7.43　三维地质模型的建立

根据油区储层地质情况及上述所建模型，选取有代表性的井，计算过程中的力学参数采用测井数据与室内高温高压试验相结合进行计算和标定，模拟地层顶深为 7000m，储层段为 7000～7205m，储层段实测温度为 140～160℃，压裂液排量为 3～9m³/min，压裂时长为 90min，压裂液黏度为 0.21Pa·s，其他各参数的值域区间如表 7.15 所示。

1. 应力差对裂缝垂向扩展形态的影响

计算过程中变化砂岩层与泥质夹层之间的应力差(1～10MPa)，其他参数保持不变，研究分析层间应力差对裂缝垂向扩展形态的影响(图 7.44)。

表 7.15　高温高压巨厚砂泥互层储层段参数值域区间

垂向应力(7000m)/MPa	最大水平应力(7000m)/MPa	最小水平应力(7000m)/MPa
169	154	141
层间最小水平应力差/MPa	孔隙压力/MPa	渗透率/mD
1～10	115～130	0.01～15
孔隙度/%	弹性模量/GPa	泊松比
0.01～15	30～60	0.2～0.3

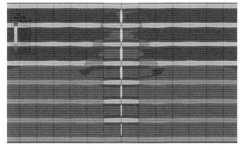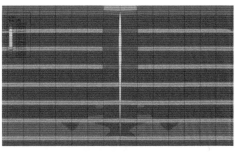

(a) 应力差6MPa　　　　　　　　　　(b) 应力差2MPa

图 7.44　应力差对裂缝垂向扩展形态的影响

图中红色层为砂岩层(7 层)，各层层厚 17m；其余为泥质夹层，各层层厚 3m

通过对应力差分别为 2～10MPa 不同情况的计算分析认为，在砂、泥岩层脆度差(0.25)保持不变，压裂液注入排量为 6m³/min 的情况下，层间应力差越大(≥6MPa)，泥岩层缝宽剖面越复杂，最小缝宽<0.5mm，裂缝垂向穿透泥质夹层形成有效沟通缝的可能性越小[图 7.44(a)]；而低应力差(≤2MPa)有利于裂缝垂向扩展，形成有效沟通[图 7.44(b)]。

2. 脆度对裂缝垂向扩展形态的影响

深部地层泥质夹层的弹性模量、泊松比及孔隙度、渗透率等物性参数与砂岩层有较大差异，针对该地层特点，Warpinski 等[17]研究后认为层间物性差对水力裂缝的垂向扩展没有影响，随后 Teufel 和 Warpinski[18]及其他研究者也得出了类似的结论。与此相反，Biot 等[6]经研究后认为层间物性差对水力裂缝垂向扩展形态的影响较大。

与上述研究者单一评价弹性模量、泊松比等层间物性差异对裂缝垂向扩展形态的影响不同，本节采用砂、泥岩脆度对该影响程度进行评价。该方法通过对静态弹性模量和静态泊松比进行归一化处理，得到无量纲参数 B_1 和 B_2，并求算数平均值，得到综合脆性指数 I_B：

$$I_B = \frac{B_1 + B_2}{2} \tag{7.22}$$

式中，$B_1 = \dfrac{E}{E_{\max}}$；$B_2 = \dfrac{v_{\min}}{v}$。

分析模型中应力差为 2MPa，压裂液注入排量为 $6\text{m}^3/\text{min}$，高温高压试验测试结果表明，与砂岩层相比，泥岩层的脆度要小得多。模拟过程中设定砂岩层的脆度值为 1.75 不变，泥质夹层的脆度值分别为 1.25 和 1.5。模拟分析表明，砂泥岩层脆度差越大，对裂缝垂向扩展的阻碍作用越大，即泥岩层的扩展缝宽越小[图 7.45(a)]；同时也说明与砂岩层相比，泥岩层脆度越大，越有利于裂缝垂向扩展，沟通多个产层[图 7.45(b)]。

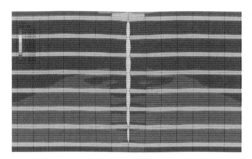 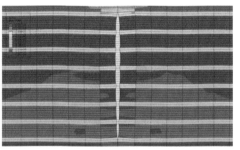

(a) 泥质夹层脆度值1.25   (b) 泥质夹层脆度值1.5

图 7.45 脆度对裂缝垂向扩展形态的影响

图中红色层为砂岩层(7 层)，各层层厚 17m；其余为泥质夹层，各层层厚 3m

3. 排量对裂缝垂向扩展形态的影响

压裂过程中压裂液注入排量是可以直接控制的参数，在已知地层条件下，不同排量所形成的裂缝形态不相同，排量高缝内压力就高，有利于裂缝的扩展。1998 年，Liu 等[94]通过理论模型分析认为泵注排量及压裂液流变参数对缝高在一定程度上有影响；1987 年，Rabaa 通过三轴压裂试验研究认为当储隔层应力差恒定时，水力裂缝扩展进入高应力层的高度与注入流体的速度呈非线性关系[95]。

模型砂、泥岩层间应力差为 4MPa，脆度差为 0.25，在其他条件不变的情况下，模拟分析压裂排量为 $3\text{m}^3/\text{min}$、$6\text{m}^3/\text{min}$、$9\text{m}^3/\text{min}$ 时的裂缝垂向扩展形态。高温高压地层条件下，高含泥质夹层塑性大、脆度小、可压性低，对裂缝垂向扩展的阻碍作用大，在低排量条件下不利于有效穿透缝的形成[图 7.46(a)]，增加排量可相应地增加穿层缝的沟通能力[图 7.46(b)]。

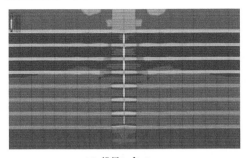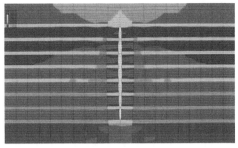

(a) 排量3m³/min　　　　　　　　　　　(b) 排量9m³/min

图 7.46　排量对裂缝垂向扩展形态的影响

图中绿色层为砂岩层(7 层)，各层层厚 17m；蓝色层为泥质夹层，各层层厚 3m

4. 起裂位置及泥质层厚对裂缝垂向扩展形态的影响

对于巨厚砂泥互层储层，由于泥质夹层较多且厚度不均，厚度不同的泥质夹层对裂缝垂向扩展的阻碍程度不同。关于该问题很少有研究者进行研究，Rabaa[95]通过三轴试验研究认为界面层对水力裂缝扩展的阻碍作用依赖于中间起裂层的高度，但对于泥质夹层厚度的影响没有予以研究。Jeffrey 等[96]通过低强度透明材料压裂试验和数值方法，在材料物性不变的情况下，在对层间应力差的影响进行研究时发现，裂缝扩展的总缝高为产层高度的 1.7 倍，缝长为产层高度的 3 倍，同样没有考虑泥质夹层厚度变化产生的影响。同时，由于研究层位少(共 3 层)，因此忽略了不同层厚泥质夹层与起裂点位置之间的关系对裂缝形态的影响。

模拟计算过程中分两种情况进行分析，第一种情况为泥岩层厚度由中间起裂点向储层上下方向逐渐增加[图 7.47(a)]，第二种情况为泥岩层厚度由中间起裂点向储层上下方向逐渐减小[图 7.47(b)]。两种情况各砂、泥岩层的参数设置相同，层间应力差为 2MPa，脆性差为 0.25，压裂液排量为 6m³/min。通过计算分

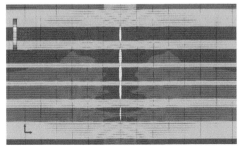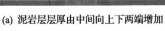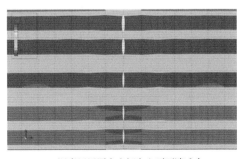

(a) 泥岩层层厚由中间向上下两端增加　　　　　(b) 泥岩层层厚由中间向上下两端减小

图 7.47　泥质夹层厚度及起裂点对裂缝垂向扩展形态的影响

图中红色层为砂岩层，各层层厚 17m；其余为泥质夹层，最大层厚 20m

析表明，泥质夹层越厚，对裂缝垂向扩展的阻碍作用越大，如图7.47(a)所示，裂缝在储层中间起裂后沿上下方向穿过较薄的泥质夹层后遭遇较厚的泥质夹层时不能形成有效缝宽的裂缝，影响支撑剂的运移，限制缝高的扩展；另外，通过图7.47(b)分析表明，如果压裂过程中裂缝在较厚的泥质夹层附近起裂，则会导致裂缝纵向扩展延伸困难，有效缝高较小。因此，压裂施工过程中应避免裂缝在泥质夹层较厚(>3m)的层位附近起裂，否则会造成压裂裂缝垂向扩展过早终止。同时，对于巨厚砂泥互层储层压裂，建议在泥质夹层厚度较大的层位合理地进行层间组合压裂。

5. 天然裂缝的影响

通过对库车山前超深巨厚裂缝性地层成像测井分析发现，砂岩层天然裂缝在高度方向上穿过泥质夹层延伸，同时针对现场泥岩层及砂、泥过渡层的取心岩样观察证实了这一现象。压裂过程中天然裂缝的黏聚力一般较小；同时，在水力裂缝遇到天然裂缝前，当天然裂缝与水力裂缝之间的夹角较小时(<45°)，裂缝易沿天然裂缝扩展，形成流体流动的主要通道。下面在模型中通过在泥质夹层扩展剖面处预置高导流能力单元等效模拟压裂过程水力裂缝扩展时泥质夹层处存在天然裂缝的情况，分析天然裂缝对泥质夹层处缝宽剖面分布的影响。

模拟结果显示，当泥质夹层没有天然裂缝时，在层厚较大的泥质夹层处，缝宽相对较小，压裂井下部泥质夹层Ⅰ处最小扩展缝宽为1mm[图7.48(a)]，对于大型加砂压裂易形成砂堵，影响水力裂缝在纵向上的进一步扩展；而对于存在天然裂缝的情况，压裂井泥质夹层Ⅰ、Ⅱ处的缝宽有所增加(增加宽度为1~2mm)[图7.48(b)]。因此，在一定程度上，泥质夹层处天然裂缝的存在可以改善穿层压裂的效果，流体最先由破裂压力较小的天然裂缝处流动并沟通砂岩储层，但由于泥质夹层处的缝宽主要受泥岩层塑性及其应力分布的影响，因此夹层处的天然裂缝对穿层压裂的改善程度有限。

在数值模拟的基础上，对影响砂泥互层水力裂缝垂向扩展形态的主要影响因

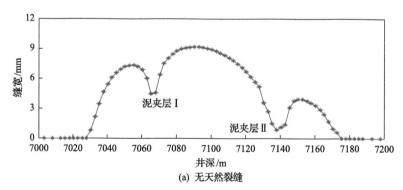

(a) 无天然裂缝

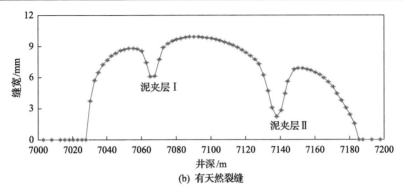

图 7.48   天然裂缝对泥质夹层处缝宽剖面分布的影响

素之一的应力差采用大尺寸真三轴试验系统进行室内试验模拟验证，试件中间为砂岩层，上下层为泥岩层，模拟分析在不同应力差（2～6MPa）条件下，裂缝在中间砂岩层起裂后沿垂向扩展的情况。

通过试验分析认为，在高应力差条件下（≥6MPa），泥质隔层对裂缝垂向扩展的阻碍作用较大，纵向扩展区域有限［图 7.49(c)］，不利于缝高扩展；而在低应力差条件下，水力裂缝穿过泥质隔层纵向扩展，与模拟计算结果一致。

图 7.49   层状介质水力裂缝垂向扩展形态

应力差、砂泥岩脆度差、压裂液排量、泥岩层层厚、裂缝起裂位置、天然裂缝及射孔方案对裂缝垂向扩展形态均有影响（图 7.50），即层间应力差小、泥岩层

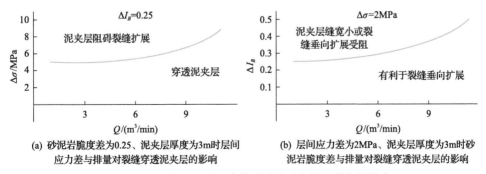

图 7.50   岩石力学及施工参数对裂缝垂向扩展形态的影响

脆度大、泥质夹层厚度小、高排量及非泥岩层射孔有利于垂向扩展缝的形成，纵向穿透多层夹层。

层间应力差小（<5MPa）、高排量（>6m³/min）、泥岩层塑性低、夹层厚度小（<3m）有利于裂缝垂向穿层扩展。针对以上认识，对于泥质夹层厚度大、砂泥岩层间应力差大及岩性突变较快的层段，应对岩性层位及其力学特征进行分析，按照地层特点进行组合分层压裂。

7.4.3　高温高应力巨厚储层一体化压裂可行性评价

采用上述所建模型和计算方法对克深区块压裂井 KS2-1-1 和 KS2-2-8 进行模拟分析，并与微地震监测结果进行对比验证。KS2-1-1 及 KS2-2-8 目的层段厚度 180~300m，砂地比 75%~85%，有少量薄夹层，同时在构造位置上，KS2-2-14（信号监测井）位于背斜核部，KS2-2-12（信号监测井）和 KS2-2-8 位于背斜核部南侧，KS2-1-1 位于背斜核部东北侧，4 口井均毗邻区内 2 条较大断层（图 7.51）。

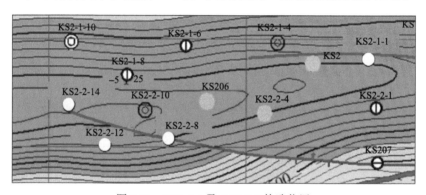

图 7.51　KS2-1-1 及 KS2-2-8 构造位置

1. KS2-1-1 井评价分析

KS2-1-1 储层段为 6600~6780m，泥质夹层 4 层，厚度为 1~6m，通过现场施工数据统计表明其射孔 7 次，储层下部射孔段位于泥质夹层（泥岩）或泥质含量较高（砂泥岩）的井段，不利于裂缝的起裂和扩展。根据泥质夹层分布情况，将储层分为 A、B、C、D 4 个层段。

根据泥质夹层的分布情况，将储层分为不同的层段（图 7.52 中的 A、B、C、D）。不同的层段模拟结果显示，A 层段泥质夹层对裂缝垂向扩展影响不大，裂缝穿透泥质夹层；B 层段裂缝垂向向上穿透泥质夹层，向下穿透时扩展受阻；C 层段裂缝穿透扩展受阻，在两夹层间扩展，缝宽大幅减小；D 层段裂缝起裂困难，扩展停止。模拟计算结果与该井现场压裂的微地震监测结果基本一致，即裂缝主要在 A、B 两个层段间扩展。

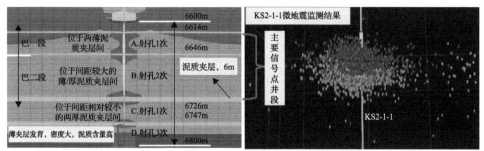

模拟井段：6600～6800m，泥质夹层：4层，扩展半缝长260m　　蓝色：第一级监测，中心点6755m，红色：第二级监测，中心点6676.5m

图 7.52　KS2-1-1 储层模拟分析结果与微地震监测结果对比

　　模拟结果表明，裂缝在泥质夹层薄、间距大的井段起裂和扩展时，在垂向上能形成较好的沟通缝，而在夹层厚、密度大的井段时垂向扩展受限，模拟结果与微地震监测结果基本相符。

2. KS2-2-8 井评价分析

　　KS2-2-8 储层段为 6580～6850m，泥质夹层 2 层，厚度为 1～5m，通过现场施工数据统计表明其射孔 6 次，射孔主要集中在储层上半段的砂岩段，有利于裂缝的起裂和扩展。根据泥质夹层分布情况，将储层分为 E、F、G 3 个层段，其地质力学参数及岩性分布如图 7.53 所示。

　　模拟分析表明，裂缝在 E、F 两个层段间的扩展情况与 KS2-1-1 井的 A、B 层段相同，但由于 G 井段未进行射孔作业，裂缝在由 F 层段向 G 层段扩展时受到泥质夹层的阻碍，导致 G 层段处扩展受限，扩展缝宽减小(图 7.54)。

　　模拟结果显示，储层上半段裂缝扩展的有效高度和宽度较下半段好，除未射孔的 G 层段外，储层整体压裂效果较好，该结果与微地震监测结果基本吻合。

3. 泥质夹层层厚对穿透的影响分析

　　通过对 KS2-1-1 及 KS2-2-8 的模拟分析表明，KS2-1-1 井裂缝在层厚相对较大(>3m)的两泥质夹层间扩展时受阻，裂缝不能有效穿透夹层垂向扩展；而层厚较小的薄泥质夹层(0.5～1m)对裂缝垂向扩展的阻碍作用较小，裂缝在纵向上形成较好的沟通缝。同时，由井周裂缝垂向扩展缝宽分布(图 7.55)可以看出，KS2-1-1 井泥质夹层处缝宽明显变窄，尤其在储层下部的 C 层段上、下两泥质夹层处缝宽小于 0.5mm，影响支撑剂的运移，与储层上部 A、B 段不能形成有效沟通的支撑缝。因此，对于泥质夹层为 4 层的 KS2-1-1 井，能有效穿透的泥质夹层层厚小于 3m。

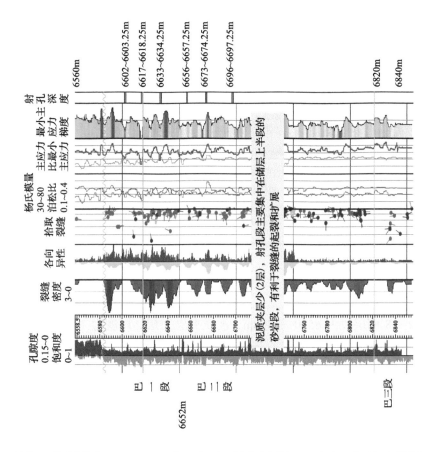

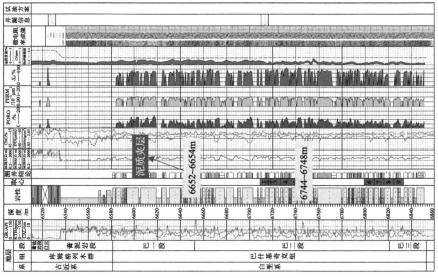

图7.53　KS2-2-8储层泥质夹层及射孔位置分布

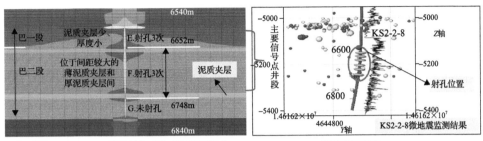

图 7.54　KS2-2-8 储层模拟分析结果与微地震监测结果对比(单位：m)

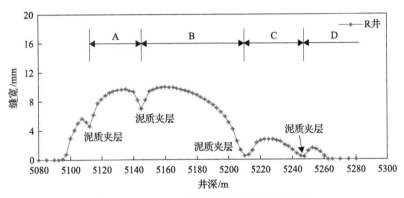

图 7.55　KS2-1-1 井裂缝垂向扩展缝宽分布

KS2-1-1 井 C 层段上下泥质夹层的层厚与 KS2-2-8 井 F 层下部及上部相同(F 段下部泥质夹层为 5m)，模拟结果显示，F 段下部泥质夹层处最小扩展缝宽为 1mm(图 7.56)，对于大型加砂压裂易形成砂堵。与此同时，F 段上部较厚泥质夹层(3m)被穿透，夹层处缝宽 6.5mm，有利于支撑剂的运移。因此，对于泥质夹层层数相对较少(2 层)的 KS2-2-8 井，能有效穿透的泥质夹层层厚为 3~5m。通过与 KS2-1-1 井对比分析认为，在一定储层厚度内及相同排量下，泥质夹层层数越

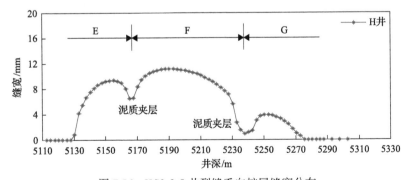

图 7.56　KS2-2-8 井裂缝垂向扩展缝宽分布

多，对裂缝垂向扩展的阻碍作用越大，能有效穿透的最大泥质夹层层厚就越小。另外，由于泥质塑性的影响，高含泥岩层分布越密集，裂缝的起裂和扩展就越困难，难以形成有效的沟通缝。除层厚方向外，泥质夹层对缝宽在缝长方向上也有相同的影响，即泥质夹层相对较少的 KS2-2-8 井的整体缝宽大于泥质夹层相对较多的 KS2-1-1 井(图 7.57)。

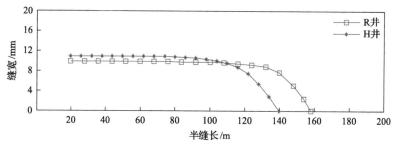

图 7.57　储层中间砂岩层半缝长及缝宽分布

4. 射孔位置对穿透的影响分析

通过上述模拟分析认为，层厚大、分布多的泥质夹层对水力裂缝垂向扩展的阻碍作用较大。巨厚砂泥互层储层一体压裂过程中，在施工排量及射孔次数一定的情况下，针对泥质夹层分布情况，可通过改变射孔位置及各分隔层的射孔数达到较好的压裂效果，即对于泥质夹层少且分布间隔较大的储层，分别对每一间隔层段进行射孔，同时对泥质夹层较厚的层段增加射孔次数；对于泥质夹层多且分布密集或高含泥岩层集中的区域，选择层厚相对较大的砂岩层进行射孔，射孔数量随着密集区域厚度的增加而相应增加。但不论何种射孔方式，均应避免使射孔孔眼位于泥质夹层或高含泥岩层上。

由于 KS2-1-1 井 C、D 段泥质夹层及高含泥砂泥岩层分布比较集中，C 层段上、下泥质夹层层厚大且 D 段射孔孔眼大部分位于高含泥的砂泥岩上，因此增加 C 层段的射孔数量(射孔 2 次)，同时将 D 层段内的射孔孔眼投射到砂岩层上(射孔 2 次)。另外，对 KS2-2-8 井增加 G 层段的射孔数量(射孔 2 次)。结果显示，在一体化压裂过程中，调整后 KS2-1-1 井 C、D 层段内的平均有效缝宽明显变大(>3mm)(图 7.58)，KS2-2-8 井 G 层段内的平均缝宽也大幅增加(>5mm)(图 7.59)。因此，当排量及射孔次数不变时，根据油气储层砂、泥岩层分布情况，对区域射孔位置进行合理调整的同时将射孔孔眼射在砂岩层上，能有效改善储层的整体压裂效果。但对于层厚较大的泥质夹层，夹层剖面的缝宽增加有限，一定程度上影响支撑剂的有效运移，建议在优化射孔的同时增加压裂排量，改善穿层效果，实现一体化压裂。

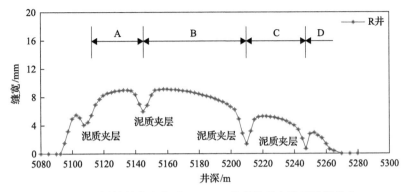

图 7.58　调整射孔方案后 KS2-1-1 井裂缝垂向扩展缝宽分布

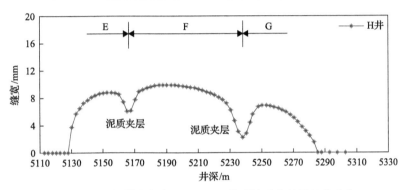

图 7.59　调整射孔方案后 KS2-2-8 井裂缝垂向扩展缝宽分布

5. KS2 井压裂施工设计

我国塔里木油田 KS2 井 6485～6750m 储层段，储层厚 265m，泥质夹层 13 层，泥岩层层厚除膏泥岩段外为 1～6m，渗透率 0.01～10mD，孔隙度 0.1%～14.1%(图 7.60)，现场实测点(6626m)地层压力 115MPa，地层温度 166℃，通过测井数据与室内高温高压试验相结合计算的储层地应力及强度剖面值如图 7.60 所示。

该井在压裂过程中最大排量 3.5m³/min，平均排量 2.7m³/min，压裂时长 135min，后期测试显示裂缝在 6655m 井段处起裂后垂向扩展过程中在上行方向 6620m 泥质夹层附近处扩展受阻，水力裂缝垂向向上扩展停止。

分析模型尺寸为 400m×400m×265m，物性剖面参数及高温高压地质力学剖面参数如图 7.60 和图 7.61 所示，在井点 6620m 处砂泥岩层间应力差为 8MPa，泥质夹层层厚 2m，砂泥岩脆度差为 0.35，模型泥质夹层根据图 7.60 所示选取其主要泥岩层来建立，模型顶深 6485m。

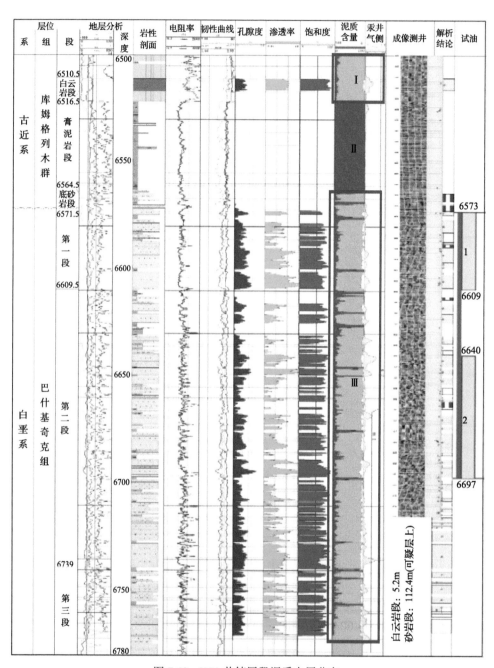

图 7.60　KS2 井储层段泥质夹层分布

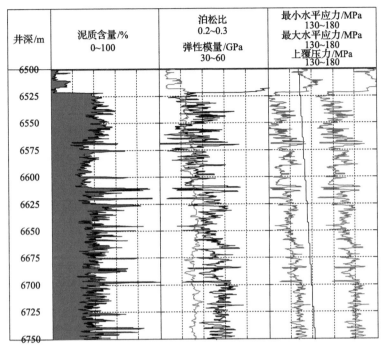

图 7.61　KS2 井高温高压砂泥互层储层地质力学剖面参数

结果表明，裂缝在起裂点(6655m)起裂后，在储层段上行方向 6620m 处由于砂、泥岩层间应力差大及泥岩层塑性的影响，裂缝垂向扩展受阻，减小了水力裂缝沟通产层区域的面积，裂缝垂向扩展离起裂点越远，缝宽逐渐减小，小于 0.5mm，与实际施工工况相符。

通过本节应用分析认为，泥质夹层厚度小于 2m 井段，层间应力差为 3MPa 时：①排量为 $3m^3/min$ 时，裂缝穿过其邻近的上下泥质夹层；②排量为 $6m^3/min$ 时，穿过 3 层泥质夹层；③排量为 $9m^3/min$ 时，穿透 5 层泥质夹层后，继续向上扩展，遇到较厚泥质夹层(>5m)时受阻，裂缝垂向扩展离起裂点越远，缝宽逐渐减小(<0.5mm)。同时，高排量垂向压裂时，应防止穿遇底水。

7.5　砂泥薄互储层大斜度井压裂设计技术

7.5.1　工程背景

冀东油田是我国著名的复杂断块油田之一，位于渤海湾盆地黄骅坳陷北部，地层、构造及储层条件十分复杂，主要表现在以下几方面：①地层厚度不稳定，岩相变化快，地层对比工作难度大；②断层非常发育，构造比较复杂；③储层横向上相变快，对油气分布控制作用明显；④单井含油井段长，油藏类型多，储层埋藏深度差异大，具有复杂的油水关系；⑤流体在平面上与纵向上性质多变。本节研究了该区块的压裂穿层工艺，该区块以大斜度井为主要完井井型。

7.5.2　斜井井壁裂缝起裂和转向扩展机理

为了便于分析斜井裂缝起裂及起裂后的空间转向形态，将原坐标系 (H, h, v) 经坐标转换后变为 (x', y', z')（图 7.62）。

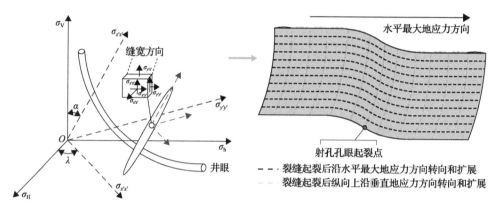

图 7.62　裂缝的三维空间应力坐标转换（缝面法向为 y'）

转换后的原场地应力表示为

$$\sigma_{x'x'} = \sigma_H \cos^2 \alpha \cos^2 \lambda + \sigma_h \cos^2 \alpha \sin^2 \lambda + \sigma_V \sin^2 \alpha$$
$$\sigma_{y'y'} = \sigma_H \sin^2 \lambda + \sigma_h \cos^2 \lambda$$
$$\sigma_{z'z'} = \sigma_H \sin^2 \alpha \cos^2 \lambda + \sigma_h \sin^2 \alpha \sin^2 \lambda + \sigma_V \cos^2 \alpha$$
$$\tau_{x'y'} = -\sigma_H \cos \alpha \cos \lambda \sin \lambda + \sigma_h \cos \alpha \cos \lambda \sin \lambda \qquad (7.23)$$
$$\tau_{y'z'} = -\sigma_H \sin \alpha \cos \lambda \sin \lambda + \sigma_h \sin \alpha \cos \lambda \sin \lambda$$
$$\tau_{x'z'} = \sigma_H \cos \alpha \sin \alpha \cos^2 \lambda + \sigma_h \cos \alpha \sin \alpha \sin^2 \lambda - \sigma_V \sin \alpha \cos \alpha$$

式中，α 为井斜角；λ 为井斜方位角；σ_H、σ_h、σ_V 分别为最大水平主应力、最小水平主应力和垂向应力。

1. 温度及孔隙弹性引起的应力场

通过拉普拉斯变换及杜阿梅尔（Duhamel）原理，采用式(7.24)的求解方法，得出变边界条件下斜井井周附近应力场方程为

$$s\overline{P} = p_0 + F_2 \Phi(\xi_2) + F_3 \Phi(\xi_3) + S_0 [(C_2 / 2G\kappa) C_1 K_2(\xi_2 r)$$
$$+ A_1 C_2 (r_w^2 / r^2)] \cos 2(\theta - \theta_r)$$

$$s\bar{\sigma}_{rr} = -p_0 + S_0 \cos 2(\theta - \theta_r) + (p_0 - p_w)(r_w^2 / r^2)$$
$$+ \alpha(1 - \boldsymbol{M}_{12} / \boldsymbol{M}_{11})[F_2 \Psi(\xi_2) + F_3 \Psi(\xi_3)]$$
$$+ \beta^m (1 - \boldsymbol{M}_{12} / \boldsymbol{M}_{11})[(T_w - T_0)\Psi(\xi_3)]$$
$$+ S_0 \Big[A_1 C_1 \big\{ (1 / \xi_2 r) K_1(\xi_2 r) + [6 / (\xi_2 r)^2] K_2(\xi_2 r) \big\}$$
$$- A_2 C_2 (r_w^2 / r^2) - 3 C_3 (r_w^4 / r^4) \Big] \cos 2(\theta - \theta_r)$$

$$s\bar{\sigma}_{\theta\theta} = -p_0 - S_0 \cos 2(\theta - \theta_r) - (p_0 - p_w)(r_w^2 / r^2)$$
$$- \alpha(1 - \boldsymbol{M}_{12} / \boldsymbol{M}_{11})[F_2 \Omega(\xi_2) + F_3 \Omega(\xi_3)]$$
$$- \beta^m (1 - \boldsymbol{M}_{12} / \boldsymbol{M}_{11})[(T_w - T_0)\Omega(\xi_3)]$$
$$+ S_0 \Big[-A_1 C_1 \big\{ (1 / \xi_2 r) K_1(\xi_2 r) + [1 + 6 / (\xi_2 r)^2] K_2(\xi_2 r) \big\}$$
$$+ 3 C_3 (r_w^4 / r^4) \Big] \cos 2(\theta - \theta_r)$$

$$s\bar{\sigma}_{zz} = \Big[-\sigma_{z'z'} + \nu'(\sigma_{y'y'} + \sigma_{x'x'}) + (\alpha' - 2\nu'\alpha)p_0 + (\beta^{m'} - 2\nu'\beta^m)T_0 \Big] / s$$
$$+ \nu'(\bar{\sigma}_{rr} + \bar{\sigma}_{\theta\theta}) - (\alpha' - 2\nu'\alpha)\bar{P} - (\beta^{m'} - 2\nu'\beta^m)\bar{T}$$

$$s\bar{\tau}_{r\theta} = -S_0 \sin 2(\theta - \theta_r) + S_0 \Big(2 A_1 C_1 \big\{ (1 / \xi_2 r) K_1(\xi_2 r) + [3 / (\xi_2 r)^2] K_2(\xi_2 r) \big\}$$
$$- (A_2 / 2) C_2 (r_w^2 / r^2) - 3 C_3 (r_w^4 / r^4) \Big) \sin 2(\theta - \theta_r)$$

$$s\bar{\tau}_{\theta z} = (\tau_{y'z'} \sin\theta - \tau_{x'z'} \cos\theta)[1 + (r_w^2 / r^2)]$$

$$s\bar{\tau}_{rz} = -(\tau_{y'z'} \cos\theta + \tau_{x'z'} \sin\theta)[1 - (r_w^2 / r^2)] \tag{7.24}$$

式中，
$$F_2 = \big\{ (p_w - p_0) - [c'' / (1 - C_2 / c_h)](T_w - T_0) \big\}$$
$$F_3 = [c'' / (1 - C_2 / c_h)](T_w - T_0)$$
$$c'' = [C_2 \alpha^m / \kappa][(2\alpha / 3)(1 - \boldsymbol{M}_{12} / \boldsymbol{M}_{11}) + (\alpha^f / \alpha^m - 1)\phi]$$
$$\xi_2 = \sqrt{s / C_2}; \xi_3 = \sqrt{s / c_h}$$
$$\Phi(x) = [K_0(xr) / K_0(xr_w)]$$
$$\Psi(x) = \{ K_1(xr) / [xr K_0(xr_w)] \} - \{ r_w K_1(xr_w) / [xr^2 K_0(xr_w)] \}$$
$$\Omega(x) = \{ K_1(xr) / [xr K_0(xr_w)] \} - \{ r_w K_1(xr_w) / [xr^2 K_0(xr_w)] \}$$
$$\qquad + [K_0(xr) / K_0(xr_w)]$$
$$C_1 = 4 / [2 A_1 (B_3 - B_2) - A_2 B_1]$$
$$C_2 = -4 B_1 / [2 A_1 (B_3 - B_2) - A_2 B_1]$$
$$C_3 = [2 A_1 (B_2 + B_3) + 3 A_2 B_1] / \{ 3[2 A_1 (B_3 - B_2) - A_2 B_1] \}$$
$$A_1 = \alpha M / (\boldsymbol{M}_{11} + \alpha^2 M)$$

$$A_2 = (\boldsymbol{M}_{11} + \boldsymbol{M}_{12} + 2\alpha^2 M) / (\boldsymbol{M}_{11} + \alpha^2 M)$$

$$B_1 = [\boldsymbol{M}_{11} / (2G\alpha)]\mathrm{K}_2(\xi_2 r_{\mathrm{w}})$$

$$B_2 = [1/(\xi_2 r_{\mathrm{w}})]\mathrm{K}_1(\xi_2 r_{\mathrm{w}}) + [6/(\xi_2 r_{\mathrm{w}})^2]\mathrm{K}_2(\xi_2 r_{\mathrm{w}})$$

$$B_3 = 2\left\{[1/(\xi_2 r_{\mathrm{w}})]\mathrm{K}_1(\xi_2 r_{\mathrm{w}}) + [3/(\xi_2 r_{\mathrm{w}})^2]\mathrm{K}_2(\xi_2 r_{\mathrm{w}})\right\}$$

$$\mathrm{K}_1 = (\sigma_{xx} \sin^2 \beta + 2\tau_{xy} \sin\beta \cos\beta + \sigma_{yy} \cos^2 \beta)\sqrt{\pi h}$$

$$\mathrm{K}_2 = (\sigma_{xx} - \sigma_{yy}) \sin\beta \cos\beta + \tau_{xy}(\cos^2 \beta - \sin^2 \beta)\sqrt{\pi h}$$

$$p_0 = (\sigma_{x'x'} + \sigma_{y'y'}) / 2, S_0 = (1/2)\sqrt{(\sigma_{x'x'} - \sigma_{y'y'})^2 + 4\tau_{x'y'}^2}, \theta_r = \frac{1}{2}\tan^{-1}\frac{2\tau_{x'y'}}{\sigma_{y'y'} - \sigma_{x'x'}}$$

$$\tag{7.25}$$

其中，$\boldsymbol{M}_{ij}$ 为刚度系数矩阵；M 为毕奥模量；α、α' 分别为横向和纵向毕奥系数；β^{m}、$\beta^{\mathrm{m}'}$ 为横向和纵向基质热耦合系数；T_0 为初始地层温度；T_{w} 为井壁上温度；θ 为井周角；ν、ν' 为横、纵向泊松比；G 为剪切模量；$\mathrm{K}_n(x)$ 为第二类修正贝塞尔函数；α^{f} 和 α^{m} 为流体和基质的热膨胀系数；c_{h} 为热扩散系数；s 为拉普拉斯域下的时间因子；h 为半缝高。

2. 斜井射孔孔眼应力分布

考虑储层地质情况及油气后期开采过程中井壁稳定等因素，一般采用套管射孔完井方式。由于受井壁围岩应力分布的影响，射孔孔眼与井壁交叉处出现二次应力集中，射孔孔周切应力由孔内压力 p_{w}、斜井周向应力 $\bar{\sigma}_{\theta\theta}$、轴向应力 $\bar{\sigma}_{zz}$、井壁切应力 $\bar{\tau}_{\theta z}$ 所引起。由基尔斯(Kirsch)的解答，射孔孔周切应力为

$$\sigma_{\varphi\varphi} = (\bar{\sigma}_{\theta\theta} + \bar{\sigma}_{zz}) - 2(\bar{\sigma}_{\theta\theta} - \bar{\sigma}_{zz})\cos 2\varphi - 4\bar{\tau}_{\theta z}\sin 2\varphi - \phi\delta(p_{\mathrm{pf}} - p_0) \tag{7.26}$$

式中，φ 为以井眼轴线为起点的射孔孔周角；p_0 为孔隙压力；ϕ 为孔隙度；δ 为渗透系数。

对井眼与射孔孔眼两孔相交处的应力状态经过推导可得

$$\sigma_{mm} = p_{\mathrm{w}} - \phi\delta(p_{\mathrm{w}} - p_0)$$

$$\sigma_{\varphi\varphi} = (\bar{\sigma}_{\theta\theta} + \bar{\sigma}_{zz}) - 2(\bar{\sigma}_{\theta\theta} - \bar{\sigma}_{zz})\cos 2\varphi - 4\bar{\tau}_{\theta z}\sin 2\varphi - \phi\delta(p_{\mathrm{w}} - p_0)$$

$$\sigma_{nn} = \bar{\sigma}_{rr} + \nu\left[(\bar{\sigma}_{\theta\theta} + \bar{\sigma}_{zz}) - 2(\bar{\sigma}_{\theta\theta} - \bar{\sigma}_{zz})\cos 2\varphi - 4\bar{\tau}_{\theta z}\sin 2\varphi\right]$$

$$\qquad + \delta\left[\frac{\alpha(1-2\nu)}{1-\nu} - \phi\right](p_{\mathrm{w}} - p_0)$$

$$\tau_{m\varphi} = 0, \quad \tau_{\varphi n} = 2(-\bar{\tau}_{r\theta}\sin\varphi + \bar{\tau}_{rz}\cos\varphi), \quad \tau_{mn} = 0 \tag{7.27}$$

式中，σ_{mm}、$\sigma_{\varphi\varphi}$、σ_{nn}、$\tau_{m\varphi}$、$\tau_{\varphi n}$、τ_{mn} 为射孔孔眼应力分量；p_{w} 为孔眼内流体压力。

3. 裂缝起裂模型

根据裂缝起裂最大拉应力准则，当射孔孔周的最大有效拉应力达到岩石的抗拉强度时，裂缝起裂。对不同的井眼周向角 θ 位置处的射孔孔眼，不同的孔周角 φ 处的起裂压力不一样，在压裂施工情况下，起裂压力最小处为裂缝的起裂点。求出射孔孔壁上的三向主应力后，得出射孔孔周的最大张应力 σ_2。当最大净张应力大于孔周岩石的抗拉强度 σ_{t} 时，即当式(7.28)满足时，裂缝起裂。

$$\sigma_2 - p_0 > \sigma_{\mathrm{t}} \tag{7.28}$$

射孔孔周的最大张应力为

$$\begin{aligned}
\sigma_2 = &\frac{\bar{\sigma}_{rr} + (1+\nu)A + B - 2\delta\phi(p_{\mathrm{w}} - p_0)}{2} \\
&+ \left\{ \frac{1}{4}\left[\bar{\sigma}_{rr} + (\nu - 1)A + B\right]^2 + 4\left(-\bar{\tau}_{r\theta}\sin\varphi + \bar{\tau}_{rz}\cos\varphi\right)^2 \right\}^{\frac{1}{2}}
\end{aligned} \tag{7.29}$$

式中，

$$A = \left(\bar{\sigma}_{\theta\theta} + \bar{\sigma}_{zz}\right) - 2\left(\bar{\sigma}_{\theta\theta} - \bar{\sigma}_{zz}\right)\cos 2\varphi - 4\bar{\tau}_{\theta z}\sin 2\varphi, B = \delta\left[\frac{\alpha(1-2\nu)}{1-\nu}\right](p_{\mathrm{w}} - p_0)$$

即裂缝的起裂条件为

$$\begin{aligned}
\sigma_{\mathrm{t}} < &\frac{\bar{\sigma}_{rr} + (1+\nu)A + B - 2\delta\phi(p_{\mathrm{w}} - p_0)}{2} \\
&+ \left\{ \frac{1}{4}\left[\bar{\sigma}_{rr} + (\nu - 1)A + B\right]^2 + 4\left(-\bar{\tau}_{r\theta}\sin\varphi + \bar{\tau}_{rz}\cos\varphi\right)^2 \right\}^{\frac{1}{2}} - p_0
\end{aligned} \tag{7.30}$$

孔周应力随着井斜角、井眼方位、井周角 θ（起始点为最小应力方向或 y 方向）及孔周角 φ 的变化而变化。对于斜井，井斜角及井眼方位已知。井周角一定时，通过循环计算确定不同孔周角所对应的起裂压力，其最小起裂压力为该井周角条件下的临界起裂压力，依此循环计算出不同井周角所对应的临界起裂压力。临界起裂压力中的最小值所对应的井周角即为裂缝的初始起裂角 θ_{i}，则裂缝的水平转向角为

$$\theta_{hd} = \pi - \lambda + \arccos\left\{ -\frac{\cos\alpha\sin\theta_i}{\sqrt{1-\sin^2\alpha\sin^2\theta_i}} \right\} \tag{7.31}$$

垂直转向角为

$$\theta_{vd} = \frac{\pi}{2} - \arccos\left\{ \frac{1}{\sqrt{1-\sin^2\alpha\sin^2\theta_i}} \right\} \tag{7.32}$$

4. 缝端三维应力场分布

在图 7.66 所示的三维应力条件下，对于任意角度的裂缝，三维缝端应力场均可表述为

$$\sigma_{x'x'}^{(tip)} = \frac{1}{\sqrt{2\pi r}}\left\{ K_I\left[\cos\frac{\gamma}{2} + \frac{1}{2}\sin\gamma\sin\frac{3\gamma}{2}\right] + K_{II}\left[\frac{1}{2}\sin\gamma\cos\frac{3\gamma}{2}\right] \right\}$$

$$\sigma_{y'y'}^{(tip)} = \frac{1}{\sqrt{2\pi r}}\left\{ K_I\left[\cos\frac{\gamma}{2} - \frac{1}{2}\sin\gamma\sin\frac{3\gamma}{2}\right] + K_{II}\left[-2\sin\frac{\gamma}{2} - \frac{1}{2}\sin\gamma\cos\frac{3\gamma}{2}\right] \right\}$$

$$\sigma_{z'z'}^{(tip)} = \frac{1}{\sqrt{2\pi r}}\left\{ K_I\left[2\nu\cos\frac{\gamma}{2}\right] + K_{II}\left[-2\nu\sin\frac{\gamma}{2}\right] \right\}$$

$$\tau_{x'y'}^{(tip)} = \frac{1}{\sqrt{2\pi r}}\left\{ K_I\left[\frac{1}{2}\sin\frac{\gamma}{2}\cos\frac{3\gamma}{2}\right] + K_{II}\left[\cos\frac{\gamma}{2} - \frac{1}{2}\sin\gamma\sin\frac{3\gamma}{2}\right] \right\} \tag{7.33}$$

$$\tau_{y'z'}^{(tip)} = \frac{1}{\sqrt{2\pi r}}\left\{ K_{III}\left[-\sin\frac{\gamma}{2}\right] \right\}$$

$$\tau_{x'z'}^{(tip)} = \frac{1}{\sqrt{2\pi r}}\left\{ K_{III}\left[\cos\frac{\gamma}{2}\right] \right\}$$

式中，K_I 为 I 型断裂韧度；K_{II} 为 II 型断裂韧度；K_{III} 为 III 型断裂韧度；γ 为角度。

假设坐标转换后起裂裂缝的缝面与 z' 轴的夹角为 α'，缝面法线在 x'-y' 平面上的投影与 x' 轴的角度为 λ'（以 x' 轴为起始点旋转，以右手法则旋转到投影线处）。在该坐标系下，裂缝出现两种扩展迹线，第一种扩展迹线为裂缝起裂后在 (x', z') 平面内沿垂向，即 z 方向转向和扩展；第二种扩展迹线为裂缝起裂后在 (x', y') 平面内沿 x 方向扩展和转向。两种扩展轨迹同时进行，在近井地带形成曲面扩展形态。由阻力最小性扩展原则，随着曲面缝的扩展，其最终扩展路径为沿垂向上与 z 轴平行，水平面上与水平最大地应力方向平行，即最终缝面法向与 z 轴及 x 轴垂直，直至在远场方向沿水平最大主应力方向形成平面主缝。

裂缝在空间任一射孔孔眼处起裂，起裂点为 o'，起裂点所在微小裂缝体的应力状态为

$$\begin{bmatrix} \sigma_{x'x'}^{(\mathrm{wc})} & \sigma_{y'y'}^{(\mathrm{wc})} & \sigma_{z'z'}^{(\mathrm{wc})} & \tau_{x'y'}^{(\mathrm{wc})} & \tau_{y'z'}^{(\mathrm{wc})} & \tau_{x'z'}^{(\mathrm{wc})} \end{bmatrix}^{\mathrm{T}} = \boldsymbol{C}\begin{bmatrix} \overline{\sigma}_{rr} & \overline{\sigma}_{\theta\theta} & \overline{\sigma}_{zz} & \overline{\tau}_{r\theta} & \overline{\tau}_{\theta z} & \overline{\tau}_{rz} \end{bmatrix}^{\mathrm{T}}$$

$$(7.34\mathrm{a})$$

$$\begin{bmatrix} \sigma_{xx}^{\mathrm{f}} & \sigma_{yy}^{\mathrm{f}} & \sigma_{zz}^{\mathrm{f}} & \tau_{xy}^{\mathrm{f}} & \tau_{yz}^{\mathrm{f}} & \tau_{xz}^{\mathrm{f}} \end{bmatrix}^{\mathrm{T}} = \boldsymbol{L}\begin{bmatrix} \sigma_{x'x'}^{(\mathrm{wc})} & \sigma_{y'y'}^{(\mathrm{wc})} & \sigma_{z'z'}^{(\mathrm{wc})} & \tau_{x'y'}^{(\mathrm{wc})} & \tau_{y'z'}^{(\mathrm{wc})} & \tau_{x'z'}^{(\mathrm{wc})} \end{bmatrix}^{\mathrm{T}}$$

$$(7.34\mathrm{b})$$

$$\boldsymbol{L} = \begin{bmatrix} \cos^2\alpha'\cos^2\lambda' & \sin^2\lambda' & \sin^2\alpha'\cos^2\lambda' & -\dfrac{\cos\alpha'\sin 2\lambda'}{2} & -\dfrac{\sin\alpha'\cos 2\lambda'}{2} & \dfrac{\sin 2\alpha'\cos^2\lambda'}{2} \\ \cos^2\alpha'\sin^2\lambda' & \cos^2\lambda' & \sin^2\alpha'\sin^2\lambda' & \dfrac{\cos\alpha'\sin 2\lambda'}{2} & \dfrac{\sin\alpha'\cos 2\lambda'}{2} & \dfrac{\sin 2\alpha'\sin^2\lambda'}{2} \\ \sin^2\alpha' & 0 & \cos^2\alpha' & 0 & 0 & -\dfrac{\sin 2\alpha'}{2} \\ \cos^2\alpha'\sin 2\lambda' & -\sin 2\lambda' & \sin^2\alpha'\sin 2\lambda' & \cos\alpha'\cos 2\lambda' & \sin\alpha'\cos 2\lambda' & \dfrac{\sin 2\alpha'\sin 2\lambda'}{2} \\ -\sin 2\alpha'\sin\lambda' & 0 & \sin 2\alpha'\sin\lambda' & -\sin\alpha'\cos\lambda' & \cos\alpha'\cos\lambda' & \cos 2\alpha'\sin\lambda' \\ -\sin 2\alpha'\cos\lambda' & 0 & \sin 2\alpha'\cos\lambda' & \sin\alpha'\sin\lambda' & -\cos\alpha'\sin\lambda' & \cos 2\alpha'\cos\lambda' \end{bmatrix}$$

$$(7.34\mathrm{c})$$

式(7.34a)中的转换矩阵 $\boldsymbol{C}$ 如式(7.34c)。压裂过程中,随着压裂液的注入,得到裂缝应力强度因子:

$$\begin{aligned} K_{\mathrm{I}(x'=-c)} &= \frac{1}{\sqrt{\pi c}}\int_{-c}^{c}[p(x,y,z,t)-\sigma_{yy}^{\mathrm{f}}]\sqrt{\frac{c-x'}{c+x'}}\mathrm{d}x' \\ K_{\mathrm{I}(x'=c)} &= \frac{1}{\sqrt{\pi c}}\int_{-c}^{c}[p(x,y,z,t)-\sigma_{yy}^{\mathrm{f}}]\sqrt{\frac{c+x'}{c-x'}}\mathrm{d}x' \\ K_{\mathrm{II}(x'=-c)} &= \frac{1}{\sqrt{\pi c}}\int_{-c}^{c}\tau_{xy}^{\mathrm{f}}\sqrt{\frac{c-x'}{c+x'}}\mathrm{d}x';\quad K_{\mathrm{II}(x'=c)} = \frac{1}{\sqrt{\pi c}}\int_{-c}^{c}\tau_{xy}^{\mathrm{f}}\sqrt{\frac{c+x'}{c-x'}}\mathrm{d}x' \\ K_{\mathrm{III}(x'=-c)} &= \frac{1}{\sqrt{\pi c}}\int_{-c}^{c}\tau_{xz}^{\mathrm{f}}\sqrt{\frac{c-x'}{c+x'}}\mathrm{d}x';\quad K_{\mathrm{III}(x'=c)} = \frac{1}{\sqrt{\pi c}}\int_{-c}^{c}\tau_{xz}^{\mathrm{f}}\sqrt{\frac{c+x'}{c-x'}}\mathrm{d}x' \end{aligned}$$

$$(7.35)$$

式中, $p(x,y,z,t)$ 为缝内流体压力。

5. 裂缝转向模型

裂缝起裂后的扩展方向和扩展路径受缝尖应力场及地层井周应力场的影响。对于裂缝扩展起裂角的判断准则,广泛应用于试验和现场压裂裂缝形态分析的有3 种,即最大切应力准则、最大能量释放率准则、最大应变能密度准则。针对斜井裂缝起裂后的转向问题,下面采用最大切应力准则进行分析。

$$
\begin{bmatrix}
\sigma_{rr}^{(\text{tip})} \\
\sigma_{\theta\theta}^{(\text{tip})} \\
\sigma_{zz}^{(\text{tip})} \\
\tau_{r\theta}^{(\text{tip})} \\
\tau_{\theta z}^{(\text{tip})} \\
\tau_{rz}^{(\text{tip})}
\end{bmatrix}
=
\begin{bmatrix}
\cos^2\gamma & \sin^2\gamma & 0 & \sin 2\gamma & 0 & 0 \\
\sin^2\gamma & \cos^2\gamma & 0 & -\sin 2\gamma & 0 & 0 \\
0 & 0 & 1 & 0 & 0 & 0 \\
-\sin\gamma\cos\gamma & \sin\gamma\cos\gamma & 0 & \cos^2\gamma-\sin^2\gamma & 0 & 0 \\
0 & 0 & 0 & 0 & \cos\gamma & -\sin\gamma \\
0 & 0 & 0 & 0 & \sin\gamma & \cos\gamma
\end{bmatrix}
\begin{bmatrix}
\sigma_{x'x'}^{(\text{tip})} \\
\sigma_{y'y'}^{(\text{tip})} \\
\sigma_{z'z'}^{(\text{tip})} \\
\tau_{x'y'}^{(\text{tip})} \\
\tau_{y'z'}^{(\text{tip})} \\
\tau_{x'z'}^{(\text{tip})}
\end{bmatrix}
$$

$$
\tag{7.36}
$$

$$
\sigma_{\theta\theta}^{(\text{tip})} = \frac{1}{\sqrt{2\pi r}}\left\{ K_{\text{I}}\left[\cos\frac{\gamma}{2} - \frac{1}{2}\sin\gamma\sin\frac{3\gamma}{2}\cos 2\gamma - \frac{1}{2}\sin\frac{\gamma}{2}\cos\frac{3\gamma}{2}\sin 2\gamma \right] \right.
$$
$$
\left. + K_{\text{II}}\left[-\frac{1}{2}\sin\gamma\cos\frac{7\gamma}{2} - 2\sin\frac{3\gamma}{2}\cos\gamma \right] \right\}
\tag{7.37}
$$

裂缝起裂后将式(7.34b)代入式(7.12)，计算不同γ下的切应力值，式中最大切应力对应的γ值为裂缝下一步长的扩展角。

6. 裂缝转向扩展形态分析

通过井周应力场、孔周应力及缝尖三维应力场建立了大斜度井近井水力裂缝转向扩展的数学评价模型，模型架构及数学计算过程如图7.63所示。对不同起裂角及缝内压力条件下，裂缝的转向距离及空间转向形态进行分析。

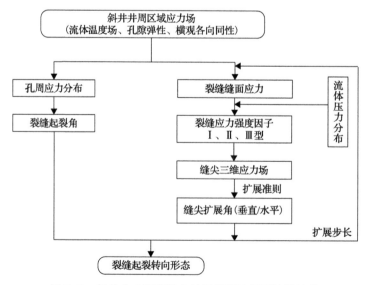

图 7.63　斜井水力裂缝转向扩展模型构架及计算过程

1)缝内净压力对裂缝转向形态的影响

计算中使裂缝起裂方位在 x-y 平面及 x-z 平面与水平最小地应力及垂向应力的夹角为 15°保持不变，分析缝内中心点的净压力在 10～40MPa 变化时，近井裂缝的空间转向形态。

图 7.64 及图 7.65 表明，当缝内净压力为 10MPa 时，裂缝在水平方向上的转向距离为 9m；同时，由于转向距离较小及在水平和垂向方向上同时转向，使得裂缝起裂点区域扩展形态较为复杂。

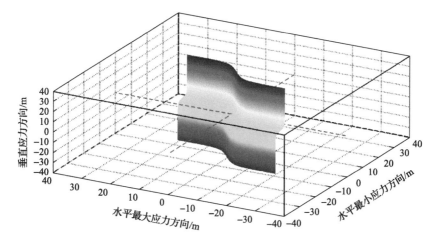

图 7.64　缝内净压力 10MPa 近井裂缝空间转向扩展形态

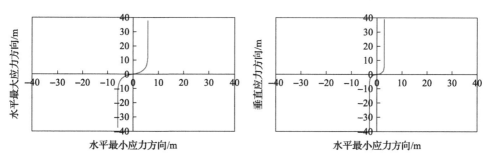

图 7.65　缝内净压力 10MPa 裂缝转向时的俯视及侧视扩展轨迹

图 7.66 及图 7.67 表明，当缝内净压力为 20MPa 时，裂缝在水平方向上的转向距离为 20m，裂缝在起裂点附近扩展的复杂程度相对要小。

图 7.68 及图 7.69 表明，当缝内净压力为 30MPa 时，裂缝在水平方向上的转向距离为 30m，起裂点附近区域扩展平整，扭曲程度小。

图 7.70 及图 7.71 表明，当缝内净压力为 40MPa 时，裂缝在水平方向上的转向距离大于 30m，起裂点附近区域扩展平整，扩展平面无扭曲。

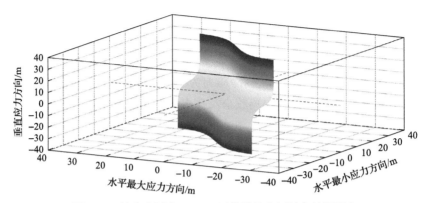

图 7.66　缝内净压力 20MPa 近井裂缝空间转向扩展形态

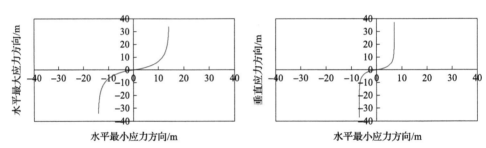

图 7.67　缝内净压力 20MPa 裂缝转向时的俯视及侧视扩展轨迹

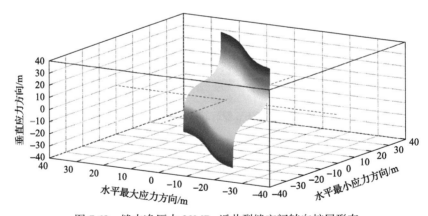

图 7.68　缝内净压力 30MPa 近井裂缝空间转向扩展形态

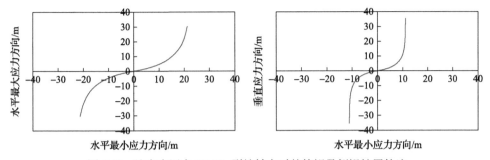

图 7.69 缝内净压力 30MPa 裂缝转向时的俯视及侧视扩展轨迹

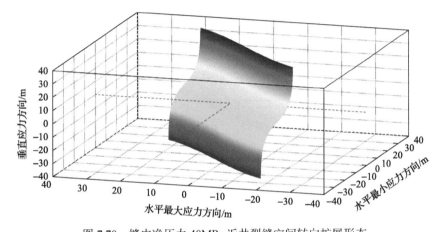

图 7.70 缝内净压力 40MPa 近井裂缝空间转向扩展形态

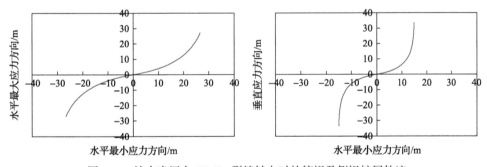

图 7.71 缝内净压力 40MPa 裂缝转向时的俯视及侧视扩展轨迹

2) 起裂角对裂缝转向形态的影响

计算中使裂缝起裂方位在 x-y 平面及 x-z 平面与水平最小地应力及垂向应力的夹角为 45°，缝内中心点的净压力在 20MPa，与起裂方位角为 15°及缝内净压力为 20MPa 的裂缝转向形态进行对比分析。

由图 7.72 及图 7.73 可以看出，当缝内净压力为 20MPa 时，起裂方位与 15° 相比，起裂缝在水平方向上的转向距离相对变小(15m)。与此同时，裂缝转向区过渡平缓，有利于支撑剂的运移和压裂液的流动。

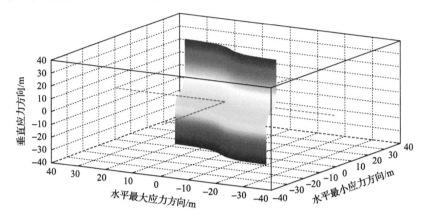

图 7.72　缝内净压力 20MPa 及起裂角 45°时近井裂缝空间转向扩展形态

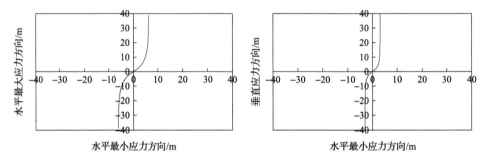

图 7.73　缝内净压力 20MPa 及起裂角 45°时裂缝转向时的俯视及侧视扩展轨迹

通过上述分析认为：

(1)在起裂方位一定的条件下，缝内净压力增加，则裂缝的裂缝转向距离增大；

(2)缝内净压力不变时，裂缝起裂方位与水平最大地应力方向的夹角越大，裂缝的转向距离越小，转向扩展区过渡越平缓；

(3)施工过程中调整射孔方位时，尽量减小射孔孔眼方位所在平面与水平最大地应力方向的夹角，同时增加压裂排量，提高缝内净压力，可有效减小裂缝起裂区扭曲程度及增大裂缝的转向距离。

7.5.3　层状介质斜井水力裂缝扩展物理模拟与射孔优化

1. 大尺寸真三轴压裂物理模拟试验

通过采用中国石油大学(北京)岩石力学实验室设计组建的大尺寸真三轴试验系统并结合声发射监测仪，对大斜度井砂泥互层储层水力裂缝起裂、转向及扩展延伸形态进行模拟研究。

试验过程中，在试样四周及底面采用扁千斤顶施加刚性载荷来模拟水平最大、最小及垂向地应力，各应力值由稳压源通过液压向偏千斤顶施加，最大施加值可达 30MPa。

　　压裂过程中，通过 MTS 增压器将油水分离器中的压裂液注入试样内形成高压，其注入速率和总注入量可由 MTS 控制器控制。同时，模拟过程中压裂压力及排量随时间的变化可由数据采集系统进行记录。油水分离器中的压裂液通过 MTS 增压器提供的高压液压油驱动活塞向试样的模拟井筒内注入，分离器容积为 700mL，可承载压力为 100MPa，满足大斜度井砂泥互层储层注入量大、压裂时间长的模拟要求。真三轴模拟试验装置如图 7.74 所示。

图 7.74　真三轴模拟试验装置

　　根据现场要求及实际储层地质条件，采用相似原理通过不同型号、不同配比的水泥及石英砂浇铸成尺寸为 300mm×300mm×300mm 的人工试样进行模拟试验，浇铸过程如图 7.75 所示。

图 7.75　模拟试样浇铸过程

　　试验采用瓜尔胶水溶液作为压裂液，黏度为 36～72mPa·s。同时，为便于观察压裂后裂缝的延伸扩展形态，在压裂液中加入荧光示踪剂，提高试验结果的直观性及形态评估的准确性。

2. 试验的基本思路及参数设置

试验主要研究分析均质砂岩储层及多层砂泥互层储层中井斜角、井眼方位角、射孔孔眼相位角、水平应力差、纵向应力差(均质地层不考虑该因素)对水力裂缝起裂、转向及垂向扩展延伸形态的影响。根据上述总体思路和研究目的,模拟研究分以下 3 部分进行。

(1)均质砂岩储层。井斜角 80° 时,不同相位角、方位角、水平应力差条件下水力裂缝的起裂及转向,试验参数如表 7.16 所示。斜井段射孔孔眼为两簇逆时针螺旋射孔。

表 7.16　大斜度井均质砂岩储层试验参数

编号	井斜角/(°)	相位角/(°)	方位角/(°)	σ_V/MPa	σ_H/MPa	σ_h/MPa	水平应力差/MPa	排量/(mL/s)
11	80	90	80	15	8	7	1	0.33
12	80	90	80	15	8	4	4	0.33
13	80	60	120	15	8	7	1	0.33
14	80	60	120	15	8	4	4	0.33
15	80	60	80	15	8	7	1	0.33
16	80	60	80	15	8	4	4	0.33
17	80	90	120	15	8	7	1	0.33
18	80	90	120	15	8	4	4	0.33

试验中试样的尺寸及井眼形状侧视图如图 7.76 所示。

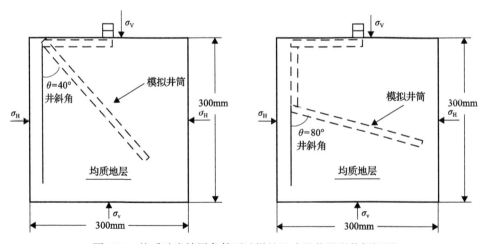

图 7.76　均质砂岩储层条件下试样的尺寸及井眼形状侧视图

（2）多层砂泥互层储层。井斜角 40°时，不同相位角、方位角、水平应力差条件下水力裂缝的起裂、转向及垂向扩展延伸，试验参数如表 7.17 所示。斜井段射孔孔眼为两簇逆时针螺旋射孔。

表 7.17　大斜度井多层砂泥互层储层试验参数（无层间应力差）

编号	井斜角/(°)	相位角/(°)	方位角/(°)	σ_V/MPa	σ_H/MPa	σ_h/MPa	水平应力差/MPa	排量/(mL/s)
1	40	60	80	15	8	5	3	0.33
2	40	60	80	15	8	6	2	0.33
3	40	60	80	15	8	2	6	0.33
4	40	90	80	15	8	5	3	0.33
5	40	90	80	15	8	2	6	0.33
6	40	90	80	15	8	8	0	0.33
7	40	60	120	15	8	2	6	0.33
8	40	60	120	15	8	5	3	0.33
9	40	90	120	15	8	5	3	0.33
10	40	90	120	15	8	2	6	0.33

试验中试样的尺寸及井眼形状侧视图如图 7.77 所示。

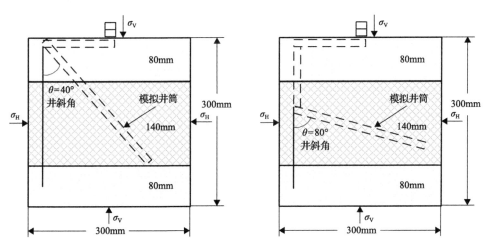

图 7.77　砂泥互层地层条件下试样的尺寸及井眼形状侧视图（无层间应力差）

（3）多层砂泥互层储层。不同井斜井角、方位角、相位角、水平应力差、纵向应力差条件下水力裂缝的起裂、转向及垂向扩展延伸，试验参数如表 7.18 所示。斜井段射孔孔眼为两簇逆时针螺旋射孔。

表 7.18　大斜度井多层砂泥互层储层试验参数

编号	井斜角/(°)	相位角/(°)	方位角/(°)	σ_V/MPa	σ_H/MPa	σ_h/MPa	水平应力差/MPa	层间应力差/MPa	排量/(mL/s)
22	40	60	80	15	8	3	5	3	0.33
23	40	60	80	15	8	6	2	6	0.33
24	40	90	80	15	8	3	5	3	0.33
25	40	90	80	15	8	6	2	6	0.33
26	40	60	120	15	8	8	0	8	0.33
27	40	60	120	15	8	7	1	7	0.33
28	40	90	120	15	8	6	2	6	0.33
29	40	90	120	15	8	8	0	8	0.33
30	80	60	80	15	8	6	2	6	0.33
31	80	60	80	15	8	8	0	8	0.33

试验中试样的尺寸及井眼形状侧视图如图 7.78 所示。

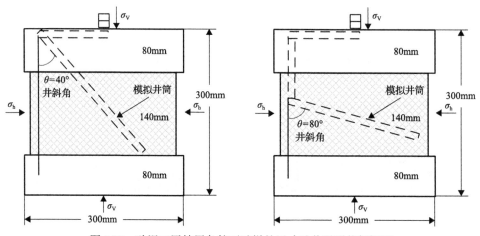

图 7.78　砂泥互层储层条件下试样的尺寸及井眼形状侧视图

3. 压裂试验结果及裂缝扩展形态分析

1）均质砂泥储层裂缝转向及扩展延伸影响因素

试样 11：井斜角 80°，相位角 90°，方位角 80°，水平应力差 1MPa。如图 7.79 所示，裂缝起裂点在第二射孔簇的 2、3、4 号射孔位（3 个孔眼），均处于最小地应力方向附近，起裂孔眼多，压裂液在该方向的总流量大，扩展形态为非平面状态，扩展面平滑，扭曲程度小，扩展区域较大，呈梅花形散开；最大地应力方向上，较最小地应力方向流量要小，裂缝表面粗糙，路径崎岖；无次级扩展面。

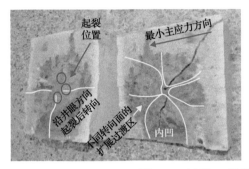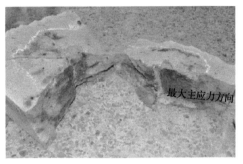

图 7.79 试样 11 裂缝起裂及转向扩展形态

试样 18：井斜角 80°，相位角 90°，方位角 80°，水平应力差 4MPa。如图 7.80 所示，裂缝起裂点在第一及第二射孔簇的 1、3 号射孔位(4 个孔眼)，第一射孔簇液体流量大(由荧光压裂液的波及程度及区域大小观察)，裂缝扩展平面平滑，扭曲程度小，平面延展大；第二射孔簇液体流量小，扩展平面扭曲程度大；近井扩展区域的缝平面与孔眼间形成的平面一致，整个缝区形成 3 个次级扩展面，其中扩展区域较大的次级缝由第二射孔簇的 3 号孔眼及环隙流体共同形成。

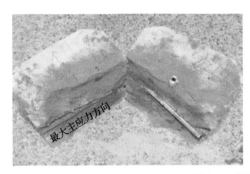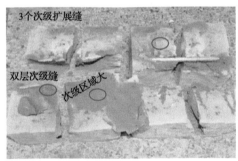

图 7.80 试样 18 裂缝起裂及转向扩展形态

通过与试样 11 对比表明，水平应力差越大，裂缝空间展布形态的复杂程度就越小，裂缝倾向于沿水平最大地应力方向形成单一主裂缝，而试样 11 在水平最大及最小地应力方向均有主裂缝形成。

试样 13：井斜角 80°，相位角 60°，方位角 80°，水平应力差 1MPa。如图 7.81 所示，12 个孔眼均起裂，裂缝整体扩展面十分粗糙，非平面形态复杂，第一主扩展面为井筒形成的平面，无次级扩展面。与试样 11 相比，相位角减小，射孔孔眼增加，最终起裂孔眼及扩展面增加，相同的是两试样均在最大、最小地应力方向形成主裂缝。

试样 20：井斜角 80°，相位角 60°，方位角 80°，水平应力差 4MPa。如图 7.82 所示，裂缝起裂点在第一及第二射孔簇的 4 号射孔位(2 个孔眼)，由于起裂点少，

图 7.81　试样 13 裂缝起裂及转向扩展形态

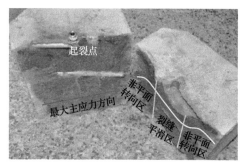

图 7.82　试样 20 裂缝起裂及转向扩展形态

排量恒定,压裂液集中向两个 4 号孔眼处流动,在起裂的局部区域裂缝平面平滑,而在斜井段末端、以斜井段为界的下半平面及在斜井段与垂直井段相交的次级裂缝区域,裂缝的扩展平面出现转向和扭曲。

　　观察分析认为,两个 4 号孔眼起裂后形成扩展面,随之导致井周胶结破坏,压裂液在环隙间流动,导致沿斜井段与垂直井段的交点处憋压形成起裂点,产生次级扩展面。相对于试样 13 而言,由于水平应力差增加,裂缝的起裂扩展面明显减少,扩展平面的平滑程度增加,扭曲程度减少,整个扩展区为单一主裂缝。

　　通过与试样 18 对比表明,相位角减小,射孔孔眼增加,由于水平应力差都较大,且水平最大地应力与井筒平面的夹角较小(10°),两者的起裂点均位于水平最大地应力方向附近的孔眼,导致两者的总体扩展形态相差不大。

　　试样 14:井斜角 80°,相位角 90°,方位角 120°,水平应力差 1MPa。如图 7.83 所示,裂缝起裂点在第一射孔簇的 3 号及第二射孔簇的 1、3 号射孔位(3 个孔眼),裂缝走向总体沿井轴延伸方向,第一射孔簇压裂液的总流量大于第二射孔簇及井眼端部区域,且扩展面平滑(起裂后在垂向上转向平行于 Z 轴方向扩展)。对于第二射孔簇及其后的扩展区,裂缝逐渐变得粗糙且非平面形态变得复杂,无次级扩展面。

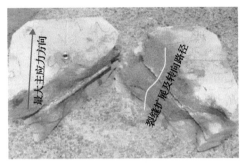

图 7.83　试样 14 裂缝起裂及转向扩展形态

通过与试样 11 对比表明，由于井眼方位与水平最大地应力方向夹角大 (60°)，且水平应力差小，裂缝转向水平最大地应力方向扩展所克服的阻力大，导致试样 14 转向困难，在近井区域，最终沿井轴平面形成单一主裂缝。

试样 12：井斜角 80°，相位角 60°，方位角 120°，水平应力差 1MPa。如图 7.84 所示，裂缝起裂点在第一及第二射孔簇的 2、5 号孔眼位 (4 个孔眼)，起裂孔眼多，压裂液集中向 4 个孔眼处流动，单个孔眼流量相对较大，起裂孔眼区域裂缝扩展平滑，垂向上转向并最终沿 Z 方向扩展。在斜井段起始段及其末端，压裂液流量较小，扩展能量低，导致该区域扩展平面的扭曲程度增加，无次级扩展面。相对于试样 13 而言，方位角增加导致起裂面的扩展阻力增加，形成多级主裂缝或转向水平最大地应力方向扩展的可能性减小。

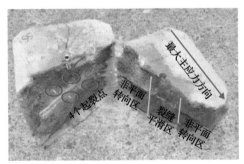

图 7.84　试样 12 裂缝起裂及转向扩展形态

通过与试样 14 对比表明，射孔孔眼增加，导致沿主扩展方向上的起裂点增多，裂缝的扭曲程度较试样 14 大幅度减小。

结合以上试验结果及分析认为，相位角、方位角及水平应力差对裂缝扩展形态的综合影响主要表现如下。

(1)井眼方位 (120°) 与水平最大地应力方位夹角大 (60°)，水平应力差较小时 (相位角不变，1MPa)，近井区域裂缝转向于水平最大地应力方向扩展不明显，但各方向孔眼的起裂阻力近似相等，易形成多扩展主裂缝，起裂和扩展方向受孔眼方向的影响较大；水平应力差较大时（4MPa），转向形成单一主扩展缝。

（2）井眼方位（80°）与水平最大地应力方位夹角小（10°），水平应力差小时（相位角不变，1MPa），裂缝起裂阻力较夹角为60°时明显要小，起裂孔眼多，易形成多曲面缝；水平应力差大时（4MPa），裂缝起裂阻力大，最终扩展平面有限，易形成单一主裂缝。

（3）相位角减小，射孔孔眼增加，水平应力差小时（1MPa），起裂孔眼数及扩展面增加，扩展形态复杂；水平应力差大时（4MPa），起裂孔眼数及扩展面明显减少，裂缝空间展布形态的复杂程度减小，扩展平面的平滑程度增加，易形成单一主裂缝。

（4）综合本组 8 块均质大斜度井（80°）分析得出如下结论：相位角、井眼方位与水平最大地应力的夹角及水平应力差越小，裂缝起裂和扩展的平面越粗糙，主裂缝越多，扭曲程度越大，扩展延伸压力越高，次级裂缝越少，发生转向的可能越小（表 7.19）。

表 7.19　裂缝扩展形态与主要影响因素间的关系

扩展形态描述		$\Delta\alpha$ /(°)	水平应力差/MPa	相位角/(°)
起裂孔眼数/总流量	>6/小	10	1	60
	≤4/大	60	4	90
非平面主裂缝数量	1 个	10/60	4	60/90
	>1 个	10	1	60/90
扭曲程度	大	10	1	60/90
	小	60	4	60/90
缝面粗糙/平滑	粗糙	10	1	60
	平滑	10/60	4	90
裂缝转向半径	大，≥60r	60	4	60/90
	小，≤30r	10	1	60/90
次级扩展缝	多，≥3	10/60	4	60/90
	无，≤1	10/60	1	60/90

注：总流量为单一主裂缝内所有起裂孔眼的流量，$\Delta\alpha$ 为井眼方位与水平最大地应力夹角。

井斜角为80°时，针对不同的裂缝形态，通过压裂压力与时间的关系曲线（图 7.85）分析认为：①当井眼方位角及射孔相位角不变时，水平应力差大，则裂缝的起裂压力高，起裂时间长（试样 18 与 11、试样 20 与 13）。②当井眼方位角及水平应力差不变时，射孔相位角小（起裂孔眼可能会多），则裂缝的起裂压力低，起裂时

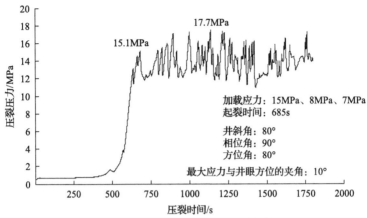

(a) 试样11压裂压力与时间的关系曲线

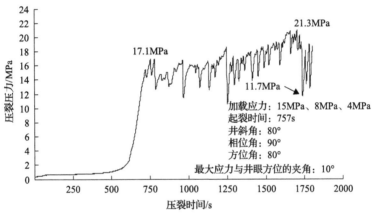

(b) 试样18压裂压力与时间的关系曲线

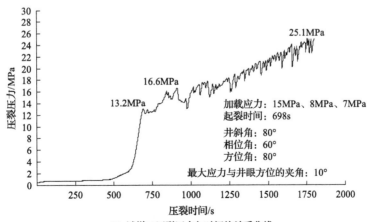

(c) 试样13压裂压力与时间的关系曲线

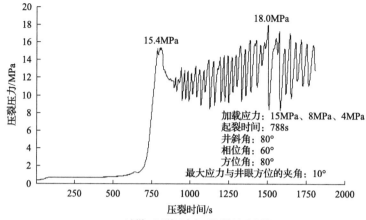

(d) 试样20压裂压力与时间的关系曲线

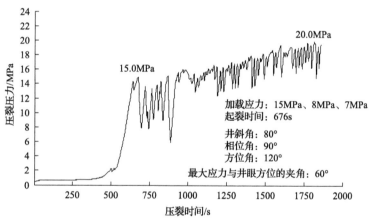

(e) 试样14压裂压力与时间的关系曲线

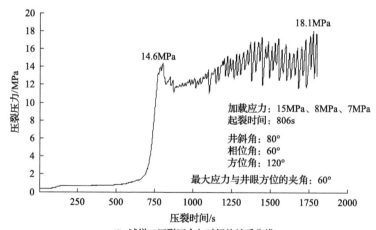

(f) 试样12压裂压力与时间的关系曲线

图 7.85　各试样压裂压力与时间的关系曲线

间反而长，但其后期的扩展延伸压力与裂缝的复杂程度有关(试样 13 与 11、试样 20 与 18、试样 12 与 14)。③当水平应力差及射孔方位角不变时，井眼方位与水平最大地应力方位夹角大，则裂缝的起裂压力一般要高(试样 12 与 13、试样 14 与 11)。

2) 多层砂泥互层储层裂缝转向及扩展延伸影响因素(无层间应力差)

试样 1：井斜角 40°，相位角 60°，方位 80°。如图 7.86 所示，水平应力差 3MPa，裂缝起裂点在第二射孔簇底部，1 个孔眼起裂，起裂后发生转向平行于最大地应力方向扩展。

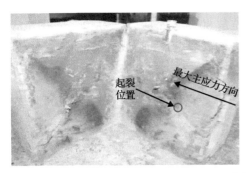

图 7.86　试样 1 裂缝起裂及转向扩展形态

试样 2：井斜角 40°，相位角 60°，方位角 80°，水平应力差 2MPa。如图 7.87 所示，裂缝起裂点在第一及第二射孔簇的第 2 号和 5 号射孔位(4 个孔眼)，裂缝扩展面扭曲程度较大，起裂及延伸压力均较高。

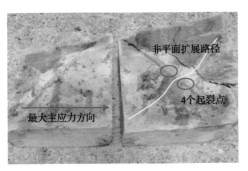

图 7.87　试样 2 裂缝起裂及转向扩展形态

试样 3：井斜角 40°，相位角 60°，方位角 80°，水平应力差 6MPa。如图 7.88 所示，裂缝起裂点在第一及第二射孔簇的第 1 号和 4 号射孔位(4 个孔眼)，形成两个平行扩展缝，起裂方向与水平最大地应力夹角较小，转向后平行于最大地应力方向扩展。

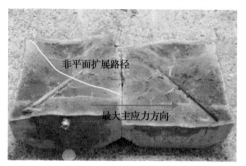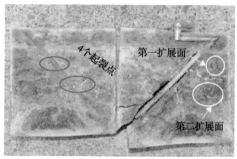

图 7.88　试样 3 裂缝起裂及转向扩展形态

　　试样 4：井斜角 40°，相位角 90°，方位角 80°，水平应力差 3MPa。如图 7.89 所示，裂缝起裂点在中间层（2 个孔眼），在两起裂点之间形成两平行缝，起裂方向与水平最大地应力夹角较小，发生较小转向后平行于最大地应力方向扩展。

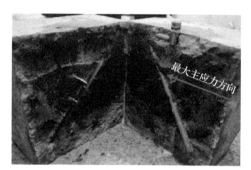

图 7.89　试样 4 裂缝起裂及转向扩展形态

　　试样 5：井斜角 40°，相位角 90°，方位角 80°，水平应力差 6MPa。如图 7.90 所示，裂缝起裂点在第一射孔簇的第 3 号射孔位及第二射孔簇的第 1 号射孔位（2 个孔眼），形成两个次级扩展面，起裂方向与水平最大地应力夹角较小，发生较小转向后平行于最大地应力方向扩展。

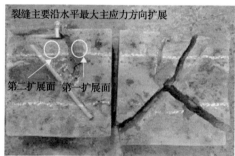

图 7.90　试样 5 裂缝起裂及转向扩展形态

试样 6：井斜角 40°，相位角 90°，方位角 80°，水平应力差 0MPa。如图 7.91
所示，裂缝起裂点在中间层（5 个孔眼），形成多个非平面扩展缝，起裂及延伸压
力均较高。

图 7.91　试样 6 裂缝起裂及转向扩展形态

试样 8：井斜角 40°，相位角 90°，方位角 120°，水平应力差 6MPa。如图 7.92
所示，裂缝起裂点在第一射孔簇的第 4 号射孔位及第二射孔簇的第 3、4 号射孔
位（3 个孔眼），形成两个主平面缝（第一、二扩展面）和一个次级扩展面（第三扩
展面）。

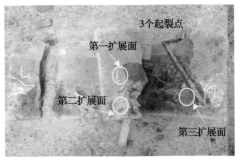

图 7.92　试样 8 裂缝起裂及转向扩展形态

试样 9：井斜角 40°，相位角 60°，方位角 120°，水平应力差 6MPa。如图 7.93
所示，形成一个主平面扩展缝，在局部形成一个次级扩展面。

试样 10：井斜角 40°，相位角 60°，方位角 120°，水平应力差 3MPa。如图 7.94
所示，裂缝在中间层起裂（1 个孔眼），形成一个主扩展面。

井斜角为 40° 时，通过以上试验结果及分析认为水平应力差对裂缝扩展形态
的影响主要表现为以下几个方面。

（1）水平应力差小时（<3MPa），起裂点多（2～5 个），裂缝扩展延伸形成多个
非平面缝，出现交叉和弯曲，起裂和扩展压力较高。

图 7.93　试样 9 裂缝起裂及转向扩展形态

图 7.94　试样 10 裂缝起裂及转向扩展形态

（2）水平应力差大时（≥3MPa），起裂点少（1～2 个），一般在与水平最大地应力方向夹角较小的孔眼处起裂，之后发生转向，平行于水平最大地应力方向扩展，起裂和扩展压力相对较小。

（3）水平应力差越小，扩展曲面的空间展布越复杂，扭曲程度就越大，扩展缝宽也越窄，导致压裂缝液的流动阻力增大，裂缝有效扩展区域减小。

结合以上试验及基本认识，相位角、方位角及水平应力差对裂缝扩展形态的综合影响主要表现如下。

（1）相位角为 60°或 90°，方位角 80°条件下：相位角为 60°时，形成单个非平面，扭曲程度一般伴随次级扩展面；相位角为 90°时，伴随多个次级扩展面。随水平应力差减小，裂缝扭曲程度增加（图 7.95 和图 7.96）。

（2）相位角为 60°或 90°，方位角 120°条件下：与方位角为 80°相比，其形成次级扩展平面的数量增加；同时，与主裂缝一样，次级裂缝出现转向和扭曲。

井斜角为 40° 时，针对不同的裂缝形态，通过压裂压力与时间的关系曲线（图 7.97）分析认为：①试样 1～试样 6：在相位角不变的情况下，水平应力差小（最小应力大），裂缝的起裂压力高，开始起裂时间长；同时，其对应的裂缝扭曲程度大，延伸压力高；②试样 1～试样 6：与 60°相位角相比，在同等水平应力差条件

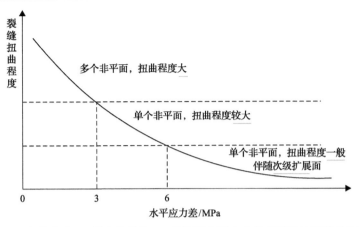

图 7.95　相位角为 60°及方位角为 80°条件下水平应力差对裂缝扩展形态的影响

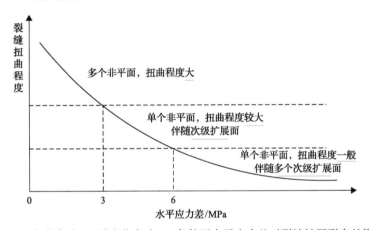

图 7.96　相位角为 90°及方位角为 80°条件下水平应力差对裂缝扩展形态的影响

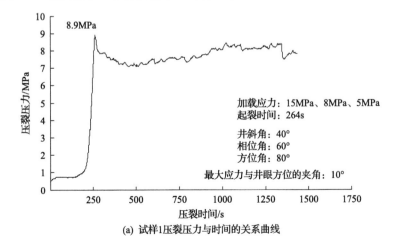

(a) 试样1压裂压力与时间的关系曲线

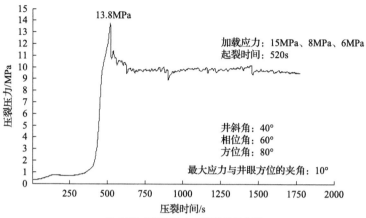

(b) 试样2压裂压力与时间的关系曲线

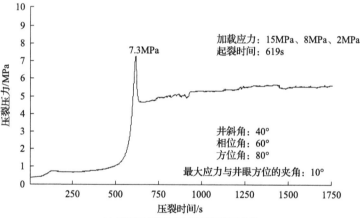

(c) 试样3压裂压力与时间的关系曲线

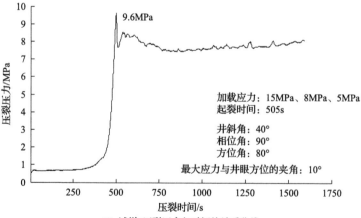

(d) 试样4压裂压力与时间的关系曲线

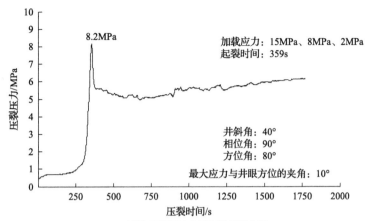

(e) 试样5压裂压力与时间的关系曲线

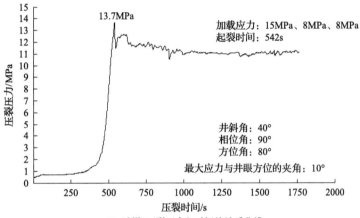

(f) 试样6压裂压力与时间的关系曲线

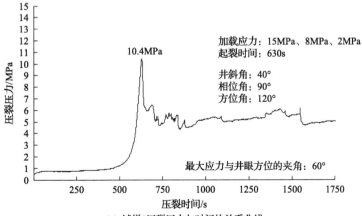

(g) 试样8压裂压力与时间的关系曲线

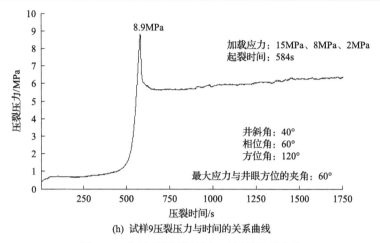

(h) 试样9压裂压力与时间的关系曲线

图 7.97　各试样压裂压力与时间的关系曲线

下，相位角为 90°时，裂缝的起裂压力增加，但延伸压力变化不大；③试样 8 与试样 5、试样 9 与试样 3：其他条件相同，方位角 120°与 80°相比，裂缝的起裂压力高，开始起裂时间一般要长。

3）多层砂泥互层储层裂缝转向及扩展延伸影响因素（水平及层间应力差）

试样 22：井斜角 40°，相位角 60°，方位角 80°，隔层水平应力差 5MPa。如图 7.98 所示，层间应力差 3MPa，裂缝起裂点在第一射孔簇的 1、4 号射孔位及第二射孔簇的 4 号射孔位（3 个孔眼），中间层水平应力差大（8MPa），裂缝扭曲程度小，但缝面粗糙，上下隔层水平应力差相对较小，裂缝扭曲程度大；形成 2 个次级扩展面，裂缝起裂后穿过上下隔层。

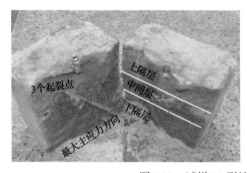
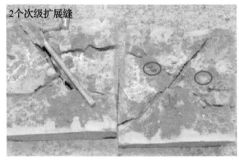

图 7.98　试样 22 裂缝起裂及转向扩展形态

试样 23：井斜角 40°，相位角 6°，方位角 80°，隔层水平应力差 2MPa。如图 7.99 所示，层间应力差 6MPa，裂缝起裂点在第一射孔簇的 1 号射孔位及第二射孔簇的 1、4 号射孔位（3 个孔眼），中间层水平应力差大（8MPa），裂缝扭曲程度较小，缝面平滑，受中间层相对平滑裂缝的影响，裂缝进入上下隔层时的扩展迹线处于平滑状态；形成 1 个次级扩展面，裂缝起裂后穿过上下隔层。

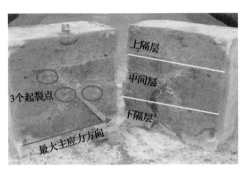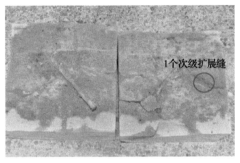

图 7.99　试样 23 裂缝起裂及转向扩展形态

试样 24：井斜角 40°，相位角 90°，方位角 80°，隔层水平应力差 5MPa。如图 7.100 所示，层间应力差 3MPa，裂缝起裂点在第一及第二射孔簇的 3 号射孔位（2 个孔眼），裂缝扭曲程度小，在主起裂点附近裂缝面较平滑，而在远离主起裂区（井筒末端及扩展平面边界），缝面粗糙并出现微小偏转，平滑区与偏转面的交界线为转向区域，形成 6 个次级扩展面，裂缝起裂后最终穿过上下隔层。

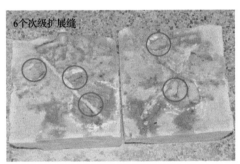

图 7.100　试样 24 裂缝起裂及转向扩展形态

试样 25：井斜角 40°，相位角 90°，方位角 80°，隔层水平应力差 2MPa。如图 7.101 所示，层间应力差 6MPa，裂缝起裂点在第一及第二射孔簇的 3 号射孔位（2 个孔眼），形成一片平行于起裂孔眼的平滑区域。沿斜井段井轴方向上，除起裂点区域外，裂缝出现偏转，与水平最大地应力方向不一致，裂缝起裂后穿过上下隔层。

试样 26：井斜角 40°，相位角 60°，方位角 120°，隔层水平应力差 0MP。如图 7.102 所示，层间应力差 8MPa，裂缝起裂点在第一射孔簇的 1、4 号射孔位及第二射孔簇的 1 号射孔位（3 个孔眼），裂缝主要在中间层起裂和扩展，在水平最大地应力方向及垂直方向出现转向，扭曲程度大，中间层水平应力差大，曲面相对平滑；形成 2 个次级扩展面，裂缝没有穿过上下隔层。

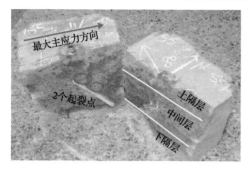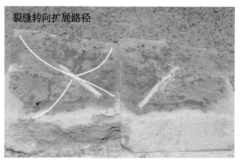

图 7.101　试样 25 裂缝起裂及转向扩展形态

图 7.102　试样 26 裂缝起裂及转向扩展形态

试样 27：井斜角 40°，相位角 60°，方位角 120°，隔层水平应力差 1MPa。如图 7.103 所示，层间应力差 7MPa，裂缝起裂点在第一射孔簇的 4 号射孔位及第二射孔簇的 1、4 号射孔位（3 个孔眼），裂缝在中间层起裂后向上下隔层扩展，形成转向缝和次级缝，上下隔层水平应力差较小，裂缝扭曲程度大，裂缝穿过上下隔层。

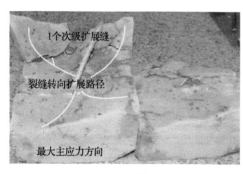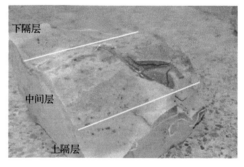

图 7.103　试样 27 裂缝起裂及转向扩展形态

试样 28：井斜角 40°，相位角 90°，方位角 120°，隔层水平应力差 2MPa。如图 7.104 所示，层间应力差 6MPa，裂缝起裂点在第一射孔簇的 3 号射孔位及第二射孔簇的 2 号射孔位(2 个孔眼),两个射孔簇形成的平面为主要扩展面。由于水平应力差较大,该扩展平面扭曲程度小。在次级扩展面与主扩展面的交接面上存在 2~3 个微小次级扩展面;裂缝主要在中间砂岩层扩展,对上下隔层的扩展区域和面积有限。

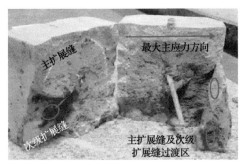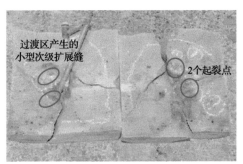

图 7.104　试样 28 裂缝起裂及转向扩展形态

　　试样 29:井斜角 40°,相位角 90°,方位角 120°,隔层水平应力差 0MPa。如图 7.105 所示,层间应力差 8MPa,裂缝起裂点在第一射孔簇的 2 号射孔位及第二射孔簇的 1 号射孔位(2 个孔眼),裂缝只在中间层扩展,扭曲程度较大,缝面粗糙,上下隔层阻碍裂缝的垂向扩展,且在上下交界面处均出现水平缝。

图 7.105　试样 29 裂缝起裂及转向扩展形态

　　试样 30:井斜角 80°,相位角 60°,方位角 80°,隔层水平应力差 2MPa。如图 7.106 所示,层间应力差 6MPa,裂缝起裂点在第一射孔簇的 1 号射孔位及第二射孔簇的 1、4 号射孔位(3 个孔眼),裂缝总体沿最大地应力方向扩展,缝面粗糙,扩展阻力大,扩展过程中形成两个次级扩展面,裂缝垂向穿过应力阻挡层。

　　试样 31:井斜角 80°,相位角 60°,方位角 80°,隔层水平应力差 0MPa。如图 7.107 所示,层间应力差 8MPa,裂缝起裂点在第一及第二射孔簇的 1、4 号射孔位(4 个孔眼),裂缝总体在中间层扩展,裂缝没有穿透上下隔层,斜井段起始点裂缝扭曲大,端部扭曲程度小,无次级扩展面。

图 7.106 试样 30 裂缝起裂及转向扩展形态

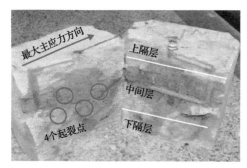

图 7.107 试样 31 裂缝起裂及转向扩展形态

结合以上试验结果及分析认为，井斜角、相位角、方位角、水平应力差、层间应力差对裂缝扩展形态的综合影响主要表现如下。

(1)井斜角 40°，相位角 60°/90°，方位角 80° 条件下，层间应力差≤6MPa，对裂缝的垂向扩展影响不大(试样 22～试样 25)，裂缝能有效穿透上下隔层扩展(室内条件下隔层一般较薄)。

(2)隔层水平应力差小，对穿透上下隔层的阻碍作用大，中间层在穿透上下隔层前的扩展延伸时间长，扩展聚集能量高，裂缝平滑，易形成次级缝(试样 22 与 23、试样 24 与 25)。

(3)井斜角 40°，方位角、水平及隔层应力差不变时，相位角增加，起裂孔眼减少，裂缝垂向扩展穿过上下隔层发生扭曲、转向的可能性增加。

(4)井斜角 40°，相位角 60°/90°，方位角 120° 条件下，当层间应力差≤7MPa 时，裂缝在中间层起裂后能有效穿透上下隔层扩展；而当层间应力差＞7MPa 时，裂缝不能穿透上下隔层(试样 26 与 27、试样 28 与 29)。

(5)在裂缝穿透上下隔层的情况下，隔层水平应力差越小，其层内裂缝的扩展形态受中间层进入界面层裂缝扩展形态的影响越大(垂向转向、分叉或扭曲)(试样 23、25、27、28)；反之，其影响越小。

（6）井斜角及相位角相同时，方位角 120°条件下裂缝的扭曲程度较 80°条件下复杂。

（7）中间扩展层由于水平应力差较大（8MPa），易形成次级扩展面，上下隔层一般水平应力差相对较小且层厚小，不易形成次级扩展面。

（8）井斜角增加，裂缝沿井轴上下扩展的不对称性增加，即当井斜角为 80°时，裂缝倾向于井轴上半部分扩展，而下半部分扩展有限（试样 30）。

针对不同的裂缝形态，通过压裂压力与时间的关系曲线（图 7.108）分析认为：①隔层水平应力差小，裂缝的起裂时间长，起裂和扩展延伸压力大；同时，缝面越粗糙，压力波动越大（试样 22～试样 31）。②在其他条件相同的情况下，相位角增加，起裂点减少，则裂缝的起裂时间增加，扩展延伸压力也增大（试样 24 与 22、试样 25 与 23）。③在其他条件相同的情况下，方位角增加（井眼方位与水平最大地应力方位夹角增加），则裂缝的起裂时间增加，起裂和扩展延伸压力也增大（试样

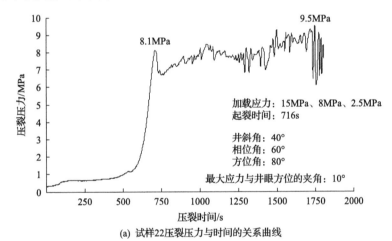

(a) 试样22压裂压力与时间的关系曲线

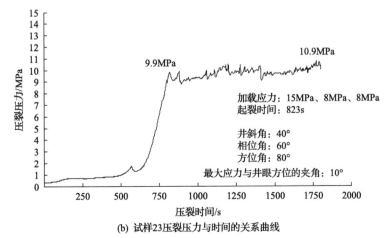

(b) 试样23压裂压力与时间的关系曲线

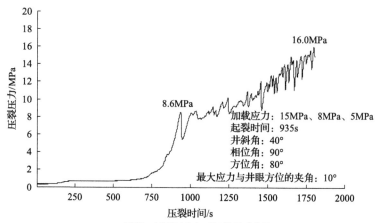

(c) 试样24压裂压力与时间的关系曲线

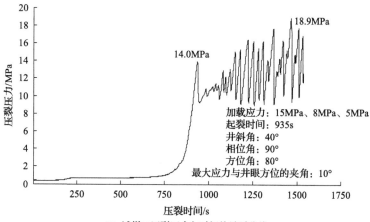

(d) 试样25压裂压力与时间的关系曲线

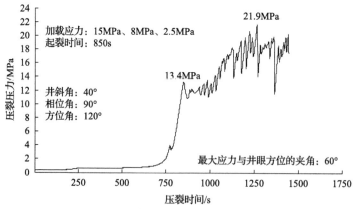

(e) 试样28压裂压力与时间的关系曲线

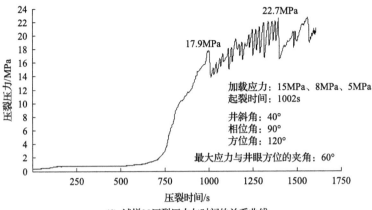

(f) 试样29压裂压力与时间的关系曲线

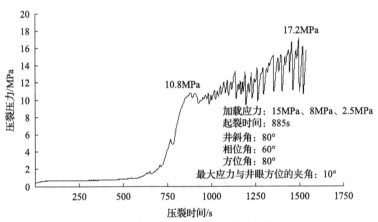

(g) 试样30压裂压力与时间的关系曲线

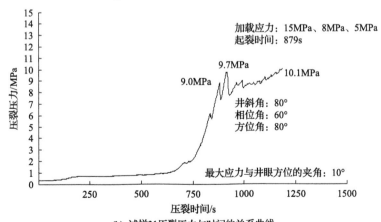

(h) 试样31压裂压力与时间的关系曲线

图 7.108　各试样压裂压力与时间的关系曲线

29 与 25)。④在其他条件相同的情况下，井斜角增加，则裂缝的起裂时间增加，起裂和扩展延伸压力也增大(试样 30 与 22)。

因此，通过以上分析认为，井斜角、井眼方位角与水平最大地应力方位夹角、相角位，以及隔层水平地应力差越大，裂缝的起裂时间就越长，同时起裂压力及后期的扩展延伸压力也越大。

4. 裂缝扩展形态监测与描述

试验过程中采用 SAMOSTM 声发射监测系统对裂缝扩展形态进行实时评价分析。SAMOSTM 声发射监测系统是美国 PAC 公司研制的第三代全数字化系统，采用现代数字信号处理(Digital Signal Processor, DSP)技术，核心为具有并行处理能力的 PCI-8 声发射功能卡，可同时对 8 个通道的实时声发射特征进行提取、波形采集及处理，如图 7.109 及图 7.110 所示。

声发射监测裂缝扩展的过程是利用声发射仪接收压裂试样在三向外载作用的初始条件下，随着压裂液的注入，裂缝起裂和扩展时缝面能量释放产生的微地震声波信号。试验前将声发射探头通过耦合剂与试样的不同侧面连接，用于接收裂缝扩展过程中产生的声发射信号，试验时将监测到的声信号输入 Locan AT-14ch 声发射仪进行处理和记录，处理后声发射声波信号点即为岩石破坏点，该点在空间的分布区域形成了裂缝的三维扩展形态。

声发射检测系统的灵敏度主要由传感器的灵敏度、传感器间距及检测门槛值决定，而不同的试样材料破裂时产生的声波频率不一样，因此试验前须设置检测

图 7.109　声发射数据采集系统

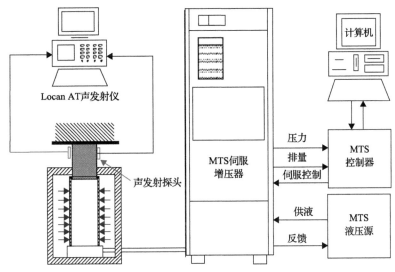

图 7.110　围压下声发射监测流程

门槛值。检测门槛值过低，灵敏度高，会导致系统监测到的声发射信号多，易受到噪声干扰；相反，门槛值过高，则灵敏度低，会导致系统监测的有价值信号大量减少，监测结果失真。因此，在试验过程中应针对试样物理特性选择合理的门槛值。本试验试样为石英砂和水泥浇筑形成，门槛值为 45dB。

针对该监测方法，下面选取几种不同的裂缝扩展形态并结合试验进行分析和说明。

压裂过程中在不同侧面分别布置 6 个声发射探头，按照时间顺序将监测到的点信号等分为 4 个不同的阶段。如图 7.111 所示，黑色为到第 1 阶段为止监测到的所有信号点，青色为到第 2 阶段为止监测到的所有信号点，蓝色为到第 3 阶段为止监测到的所有信号点，红色为到第 4 阶段为止监测到的所有信号点。图 7.112 为监测到的所有信号点的分布状态，其中黑、青、蓝、红为 4 个不同的等分阶段内分别监测到的信号点。

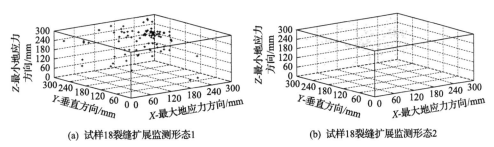

(a) 试样18裂缝扩展监测形态1　　　　　　　　　(b) 试样18裂缝扩展监测形态2

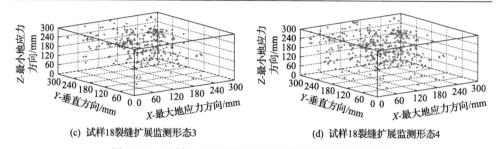

(c) 试样18裂缝扩展监测形态3   (d) 试样18裂缝扩展监测形态4

图 7.111　试样 18 不同裂缝扩展阶段声发射信号监测点

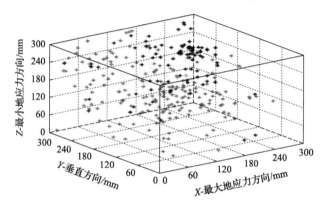

图 7.112　试样 18 整个压裂过程声发射信号监测点

1)试样 18 裂缝监测与扩展形态

试样 18：井斜角 80°，相位角 90°，方位角 80°，水平应力差 4MPa。第一射孔簇液体流量大，裂缝扩展平面平滑，扭曲程度小，平面延展大；第二射孔簇液体流量小，扩展平面扭曲程度大。

通过声发射裂缝监测表明扩展缝主要集中在试样中心区域(图 7.112)，即井筒射孔孔眼周围，且随着压裂时间的增加，裂缝由中心区域逐渐向四周扩展，扩展面逐渐增大(黑→青→蓝→红)。

将压裂过程中监测到的声波信号内的干扰信号进行处理后，对空间点进行差值和分析，绘制图 7.113 所示的裂缝曲线，图中蓝色虚线区域为射孔孔眼的起裂区域。通过观察曲面认为，裂缝在起裂点中心区域的扭曲程度较边界区域的扭曲程度大，但总体上裂缝的转向程度较小，与裂缝扩展的实际空间展布形态基本吻合。

2)试样 29 裂缝监测与扩展形态

试样 29：井斜角 40°，相位角 90°，方位角 120°，隔层水平应力差 0MPa，层间应力差 8MPa。裂缝只在中间层扩展，扭曲程度较大，缝面粗糙，上下隔层阻碍裂缝的垂向扩展，且在上下交界面处均出现水平缝(图 7.114)。

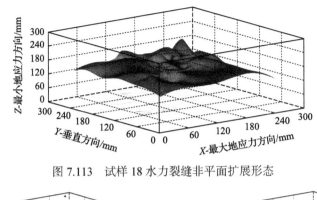

图 7.113　试样 18 水力裂缝非平面扩展形态

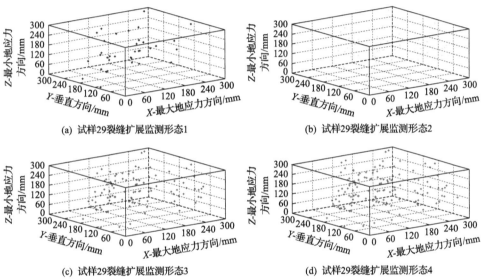

(a) 试样29裂缝扩展监测形态1　　　　　　　　　　　(b) 试样29裂缝扩展监测形态2

(c) 试样29裂缝扩展监测形态3　　　　　　　　　　　(d) 试样29裂缝扩展监测形态4

图 7.114　试样 29 不同裂缝扩展阶段声发射信号监测点

通过声发射裂缝监测表明裂缝初期起裂及后期扩展的区域主要集中在试样的中间层及上部界面层(图 7.115);同时,随着压裂时间的增加,缝面扩展主要集中在上部界面层区域(黑→青→蓝→红)。

将压裂过程中监测到的声波信号内的干扰信号进行处理后,对空间点进行差值和分析,绘制图 7.116 所示的裂缝曲面,图中蓝色虚线区域为界面层扩展区域。通过观察曲面认为,裂缝在中间层起裂后向上扩展后沿界面层形成 T 形缝,中间层扩展区域的扭曲程度较大,与裂缝扩展的实际空间展布形态基本吻合。

3)试样 28 裂缝监测与扩展形态

试样 28:井斜角 40°,相位角 90°,方位角 120°,隔层水平应力差 2MPa,层间应力差 6MPa。由两个射孔簇形成的平面为主要扩展面,平面扭曲程度小;裂缝主要在中间砂岩层扩展,对上下隔层的扩展区域和面积有限(图 7.117)。

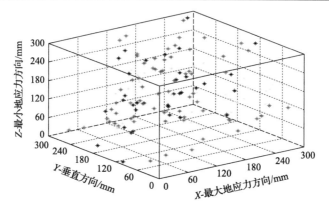

图 7.115　试样 29 整个压裂过程声发射信号监测点

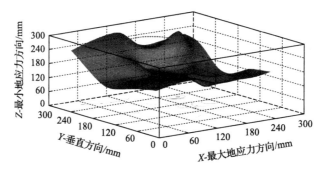

图 7.116　试样 29 水力裂缝非平面扩展形态

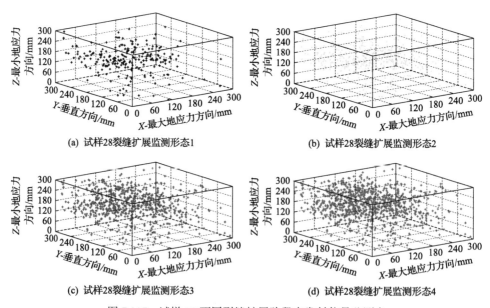

(a) 试样28裂缝扩展监测形态1　　　　　　　　(b) 试样28裂缝扩展监测形态2

(c) 试样28裂缝扩展监测形态3　　　　　　　　(d) 试样28裂缝扩展监测形态4

图 7.117　试样 28 不同裂缝扩展阶段声发射信号监测点

通过声发射裂缝监测表明裂缝在扩展初期以在试样中心区域扩展为主(黑),随着压裂时间的增加,扩展区域逐渐增大(青→蓝→红)(图 7.118)。

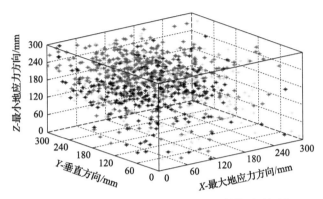

图 7.118　试样 28 整个压裂过程声发射信号监测点

将压裂过程中监测到的声波信号内的干扰信号进行处理后,对空间点进行差值和分析,绘制图 7.119 所示的裂缝曲面。裂缝在试样中间形成扩展主平面,扭曲程度小,但扩展面相对粗糙,而在试样四周边界区域裂缝扭曲程度较大。图 7.119中黄色虚线区域为次级平面扩展区域,与裂缝扩展的实际空间展布形态基本吻合。

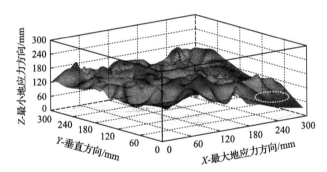

图 7.119　试样 28 水力裂缝非平面扩展形态

4)试样 13 裂缝监测与扩展形态

试样 13:井斜角 80°,相位角 60°,方位角 80°,水平应力差 1MPa。12 个孔眼均起裂,裂缝整体扩展面十分粗糙,非平面形态复杂,在最大、最小地应力方向形成主裂缝(图 7.120)。

通过声发射裂缝监测表明裂缝沿井筒方向的射孔段内,在初期起裂及后期扩展过程中在最大及最小方向上均有声波信号,且各扩展方向的信号点分布均匀(图 7.121);同时,通过声波信号的动态回放表明这些均匀分布点在各个扩展时期也是同时出现的。

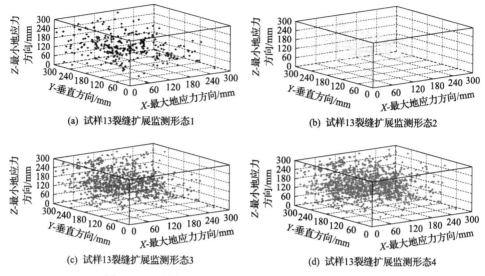

(a) 试样13裂缝扩展监测形态1　　　　　　(b) 试样13裂缝扩展监测形态2

(c) 试样13裂缝扩展监测形态3　　　　　　(d) 试样13裂缝扩展监测形态4

图 7.120　试样 13 不同裂缝扩展阶段声发射信号监测点

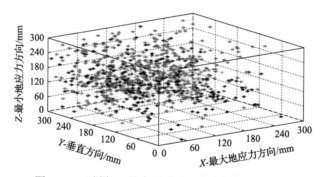

图 7.121　试样 13 整个压裂过程声发射信号监测点

将压裂过程中监测到的声波信号内的干扰信号进行处理后，对空间点进行差值和分析，绘制图 7.122 所示的裂缝曲面。图 7.122 表明：试样在平行于最大地应力方向上形成第一主扩展面，同时在图中所示的两对角线上缝面等值线峰值差异

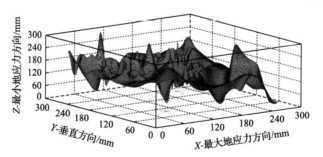

图 7.122　试样 13 水力裂缝非平面扩展形态

说明在该区域方向上形成第二及第三主扩展面，而在第一、二、三主扩展面的其他区域缝面波动也较大，表明该区域扩展缝较粗糙，监测结果与裂缝扩展的实际空间展布形态基本吻合。

5. 砂泥互层储层组合分层压裂的判断依据

通过对均质及砂泥互层储层压裂模拟研究，分析总结井斜角、井眼方位角、应力差、射孔相位角对斜井水力裂缝转向及垂直扩展形态特征的影响规律。以下几种情况不利于裂缝的穿层扩展，需进行分层压裂。

(1)层间应力差较大，裂缝在砂岩层起裂后不能对其进行穿透。

(2)井眼方位与水平最大地应力的夹角小、砂岩层水平应力差小时，裂缝在水平及垂向扩展扭曲程度大，分支裂缝多，裂缝主要在起裂层内扩展，不易穿层。

(3)井眼方位与水平最大地应力的夹角大、水平应力差大、射孔相位角大、井斜角为30°～60°、起裂层相对较薄且裂缝起裂角与垂向夹角较大时，近井裂缝在水平及垂直方向转向，裂缝可能以非垂直状态逼近界面层，不利于穿层扩展。

由此得出组合层/一体化穿层压裂的有利条件如下：①层间应力差小；②井斜角小(20°左右)或近似水平井；③储层及隔层水平应力差大。

7.5.4 砂泥薄互储层斜井压裂数值模拟与组合分层优化

针对油层断块多、层系多、油层薄、夹层多且分布不均等特点，需采用大斜度井钻井、水力压裂的手段提高驱采面积，达到高产和稳产的目的。但该类储层单层砂体过薄，无法只在单层内压裂。为有效对各砂体进行组合分层，建立合理的工程设计方案，下面在 7.5.3 节的基础上对不同砂体形态的组合穿层压裂进行模拟研究，分析封隔器下封位置、泥岩隔层及组合分层与裂缝垂向穿透情况之间的关系。

1. 建立薄互夹层组合分层压裂地质模型

模拟尺寸为 120m×90m×65m，模拟砂岩层及泥岩层层厚为 1～10m(图 7.123)，观察分析分段组合压裂条件下裂缝在不同砂体间的垂向扩展形态。模拟计算假设裂缝沿水平最大地应力方向起裂和扩展。

2. 储层组合分层压裂垂向扩展形态分析

模拟参数采用测井数据与室内高温高压试验相结合进行计算和标定，模拟地层顶深为 4000m，储层段为 4000～4065m，储层段实测温度 115～130℃，压裂液排量为 2～5m³/min，压裂时长为 90min，压裂液黏度为 0.21mPa·s，其他各参数的值域区间如表 7.20 所示。

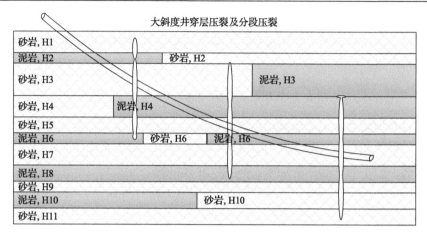

图 7.123　三维地质模型

表 7.20　高温高压巨厚砂泥互层储层段参数值域区间

垂向应力(4000m)/MPa	最大水平应力(4000m)/MPa	最小水平应力(4000m)/MPa
96	88	80
层间最小水平应力差/MPa	孔隙压力/MPa	渗透率/$10^{-3}\mu m^2$
1~5	23~40	0.1~27
孔隙度/%	弹性模量/GPa	泊松比
12~20	20~35	0.18~0.28

根据计算的剖面参数，采用 FORTRAN 编写子程序对模型不同的砂、泥岩层网格单元进行赋值。

1)选择组合分层封隔位置

模拟井眼内径 215.9mm，水泥环内径 177.8mm，套管内径 157.1mm(图 7.124)，砂岩层及泥岩层各 4 层(图 7.125)。模拟分析井底压力在循环加载过程中封隔段井周应力及形变位移的变化情况。

图 7.124　井周区域分布

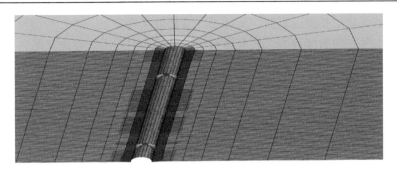

图 7.125　砂泥互层储层压裂井地质模型

模拟参数如下：①压裂液密度为 1.03，压裂压力为 48MPa，最高压力为 62.28MPa，稳定压力为 45MPa；②模拟过程中的井底压力随时间循环变化，如图 7.126 所示。

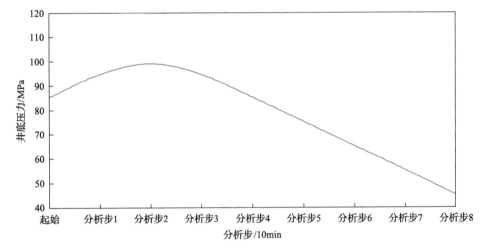

图 7.126　不同模拟时间段井底加载压力

在水平应力方向(X)井周应力大小(图 7.127)如下。

(1)应力较大区域：泥岩层水泥环→界面层砂岩部分地层→界面层泥岩部分水泥环→界面层砂岩部分水泥环，应力依次增大。

(2)应力较小区域：泥岩层地层→界面层泥岩部分地层，应力依次增大。

在水平应力方向(X)形变位移大小(图 7.128)如下。

(1)位移较大区域：泥岩层水泥环→界面层水泥环，位移依次增大。

(2)位移较小区域：界面层地层→泥岩层地层，位移依次增大。

模拟结果表明，对于泥岩层厚较大的界面层处，砂泥界面层处水泥环应力集中较大，而砂泥岩层应力集中则相对要小；界面层处水泥环形变位移最大，砂泥岩层形变位移相对较小。基于以上两点分析认为：

(1)界面层处水泥环应力集中较大，同时水力压裂过程中裂缝垂向扩展遇到层厚较大的泥岩层扩展受阻时，流体易在界面处形成高压，进一步诱发该区域应力集中，水平方向沿井筒端形成剪切错位，导致水泥环出现损伤缺陷。

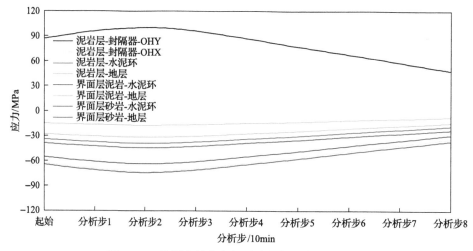

图 7.127　井周有效应力(X方向)随压裂时间的变化

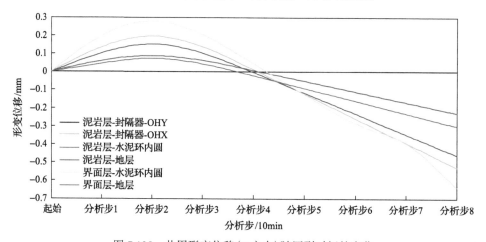

图 7.128　井周形变位移(X方向)随压裂时间的变化

(2)泥岩层厚较薄的垂直区域，泥岩层对裂缝垂直穿透的影响不大，且由岩性差造成的应力集中程度较层厚较大的泥岩层要弱，因此压裂过程中固井水泥环的损伤破坏风险相对要低。

(3)压裂过程中井底压力的增加或减小，导致井周应力的增强或释放，引发砂泥界面处形变位移较大的水泥环在水平方向上出现剪切错位破坏。

(4)建议在封隔组合压裂过程中尽量避免将层厚较大的泥岩段封隔在压裂段内，且封隔器最好坐封在砂岩层一侧。

2) 大斜度井垂向组合分层压裂方法评价

对于泥岩层较厚且水平向上均等分布的层段,一体化压裂时裂缝很难垂向穿层扩展,需要进行分层压裂;而对于水平向上厚度分布差异大或出现尖灭的较厚泥岩层段,可以选取合适的压裂位置,避开垂向层厚较大的泥岩层区域进行穿层压裂。下面针对薄互砂泥互层储层中垂向及水平方向上砂体分布差异的储层特点进行组合分层压裂模拟分析。

模拟参数以冀东 NP43-X4822 井为例,该井沿井斜方向砂体分布差异较大,每一井斜段纵向上砂/泥岩层分布各有不同。为了沟通更多的产层,压裂过程中沿井段将待压层分为两个压裂层组,对每一层组进行纵向合层压裂,最高油压为 60~70MPa。模拟结果表明,对于第一压裂层组,裂缝起裂后没有穿透较厚的泥岩层;而对于第二压裂层组,由于上部泥岩层较厚而下部泥岩层厚度相对较小,裂缝起裂后没有穿透上部泥岩层,而主要向下部方向扩展(图 7.129)。分析认为,对于断块多、砂体分布差异的储层,合理地组合分层压裂可以有效地在横向及纵向上沟通更多产层,避开纵向上的较厚泥岩层,沟通横向上单组压裂无法沟通的砂岩层。

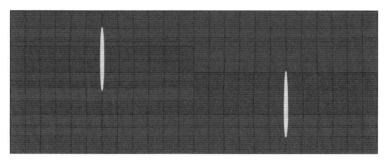

图 7.129　大斜度井组合分层压裂
红色为砂岩层,蓝色为泥岩层

通过微地震监测显示(图 7.130),冀东 NP43-X4822 井压裂后西边缝长 140m,东边缝长 110m,缝高为 3705~3760m,有效缝高 45m,对上下较厚泥岩层没能进行有效穿透,监测裂缝形态与模拟结果大致相当。

针对砂泥薄互层断块多且分布不均及大斜度井井型特点,基于孔隙弹性、横观各向同性,在考虑温度场的条件下,建立了斜井水力裂缝起裂及转向模型。与此同时,结合实际地层设计了不同井斜角、井眼方位角、不同岩性分布条件下的压裂物理模拟试验,观察和验证分析近井区域裂缝起裂和裂缝水平/垂直转向扩展形态,给出了组合分层压裂的理论和试验判据。在此前提下,采用有限元数值模拟分析方法对组合分层压裂进行设计计算并与微地震监测结果相结合,对其合理性和可行性进行对比分析,得出如下结论和建议。

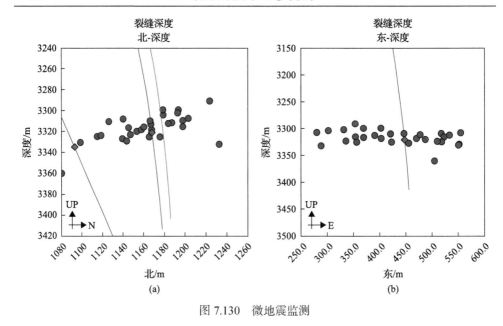

图 7.130　微地震监测

（1）在起裂方位一定的条件下，缝内净压力增加，则裂缝的裂缝转向距离增大。

（2）缝内净压力不变时，裂缝起裂方位与水平最大地应力方向的夹角越大，裂缝的转向距离越小，转向扩展区过渡越平缓。

（3）施工过程调整射孔方位，尽量减小射孔孔眼方位所在平面与水平最大地应力方向的夹角，同时增加压裂排量，提高缝内净压力，可有效减小裂缝起裂区扭曲程度及增大裂缝的转向距离。

（4）层间应力差较大，裂缝在砂岩层起裂后不能对其进行穿透。

（5）井眼方位与水平最大地应力的夹角小、砂岩层水平应力差小时，裂缝在水平及垂向扩展扭曲程度大、分支裂缝多，裂缝主要在起裂层内扩展，不易穿层。

（6）井眼方位与水平最大地应力的夹角大、水平应力差大、射孔相位角大、井斜角为 30°～60°、起裂层相对较薄且裂缝起裂角与垂向夹角较大时，近井裂缝在水平及垂直方向转向，裂缝可能以非垂直状态逼近界面层，不利于穿层扩展。

（7）层间应力差小，井斜角小(20°左右)或近似水平井，储层及隔层水平应力差大有利于一体化穿层压裂。

（8）界面层处水泥环应力集中较大，同时水力压裂过程中裂缝垂向扩展遇到层厚较大的泥岩层扩展受阻时，流体易在界面处形成高压，进一步诱发该区域应力集中；水平方向沿井筒端形成剪切错位，导致水泥环出现损伤缺陷。

（9）泥岩层厚较薄的垂直区域，泥岩层对裂缝垂直穿透的影响不大，且由岩性差造成的应力集中程度较层厚较大的泥岩层要弱，因此压裂过程中固井水泥环的损伤破坏风险相对要低。

(10)压裂过程中井底压力的增加或减小导致井周应力的增强或释放,引发砂泥界面处形变位移较大的水泥环在水平方向上出现剪切错位破坏。

(11)建议在封隔组合压裂过程中尽量避免将层厚较大的泥岩段封隔在压裂段内,且封隔器最好座封在砂岩层一侧。

参 考 文 献

[1] Simonson E R, Abou-Sayed A S, Clifton R J. Containment of massive hydraulic fractures[J]. International Journal of Rock Mechanics and Mining Sciences & Geomechanics Abstracts, 1979, 16 (1) : 27-32.

[2] van Eekelen H A M. Hydraulic fracture geometry: Fracture containment in layered formations[J]. SPE Journal, 1982, 22 (3) : 341-349.

[3] Ahmed U. A practical hydraulic fracturing model simulating necessary fracture geometry, fluid flow and leakoff and proppant transport[C]. SPE/DOE/GRI Unconventional Gas Recovery Symposium, Pittsburgh, 1984.

[4] Fung R L, Vijayakumar S, Cormack D E. Calculation of vertical fracture containment in layered formations[J]. SPE Formation Evaluation, 1987, 2 (4) : 518-522.

[5] Smith M B, Bale A B, Britt L K, et al. Layered modulus effects on fracture propagation, proppant placement, and fracture modeling[C]. SPE Annual Technical Conference and Exhibition, Orleans, 2001.

[6] Biot M A, Medlin W L, Masse L. Fracture penetration through an interface[J]. SPE Journal, 1983: 857-869.

[7] Palmer I D, Carroll J R H B. Three-dimensional hydraulic fracture propagation in the presence of stress variations[J]. SPE Journal, 1983: 870-878.

[8] 陈治喜, 陈勉, 黄荣樽, 等. 层状介质中水力裂缝的垂向扩展[J]. 石油大学学报 (自然科学版), 1997 (4) : 25-28.

[9] Zhao H F, Chen H, Liu G H, et al. New insight into mechanisms of fracture network generation in shale gas reservoir[J]. Journal of Petroleum Science and Engineering, 2013 (110) : 193-198.

[10] Liu S X, Valko' P P. An improved equilibrium-height model for predicting hydraulic fracture height migration in multi-layer formations[C]. SPE Hydraulic Fracturing Technology Conference, Woodlands, Texas, 2015.

[11] Dimitry C, Romain P. Hydraulic fracture height containment by weak horizontal interfaces[C]. SPE Hydraulic Fracturing Technology Conference, Woodlands, Texas, 2015.

[12] Guo D, Zhang S, Li T, et al. Mechanical mechanisms of T-shaped fractures, including pressure decline and simulated 3D models of fracture propagation[J]. Journal of Natural Gas Science and Engineering, 2018 (50) : 1-10.

[13] Oyedokun O, Schubert J. A quick and energy consistent analytical method for predicting hydraulic fracture propagation through heterogeneous layered media and formations with natural fractures_ The use of an effective fracture toughness[J]. Journal of Natural Gas Science and Engineering, 2017 (44) : 351-364.

[14] Huang B, Liu J. Fully three-dimensional propagation model of horizontal borehole hydraulic fractures in strata under the effect of bedding planes[J]. Energy Exploration & Exploitation, 2018, 36 (5) : 1189-1209.

[15] Hanson M E, Shaffer R J, Anderson G D. Effects of various parameters on hydraulic fracturing geometry[J]. SPE Journal, 1985, 21 (4) : 435-443.

[16] Labudovic V. The effect of poisson's ratio on fracture height[J]. Journal of Petroleum Technology, 1984, 36 (2) : 287-290.

[17] Warpinski N R, Clark J A, Schmidt R A, et al. Laboratory investigation on the effect of in-situ stresses on hydraulic fracture containment[J]. International Journal of Rock Mechanics and Mining Sciences & Geomechanics Abstracts, 1982, 19 (6) : 333-340.

[18] Teufel L W, Warpinski N R. In-Situ stress variations and hydraulic fracture propagation in layered rock-observations from a mineback experiment[C]. The 5th ISRM Congress, Melbourne, 1983.

[19] Warpinski N R, Schmidt R A, Northrop D A. In-situ stresses: The predominant influence on hydraulic fracture containment[J]. Journal of Petroleum Technology, 1982, 20(1): 653-664.

[20] Fisher K, Warpinski N. Hydraulic fracture-height growth: Real data[C]. SPE Annual Technical Conference and Exhibition, Denver, Colorado, USA, 2011.

[21] Thiercelin M J, Lemanczyk Z R. Stress gradient affects the height of vertical hydraulic fractures[J]. SPE Production Engineering, 1986, 1(4): 245-254.

[22] Renshaw C E, Pollard D D. An experimentally verified criterion for propagation across unbounded frictional interfaces in brittle, linear elastic materials[J]. International Journal of Rock Mechanics and Mining Sciences, 1995, 33(3): 237-249.

[23] 李传华, 陈勉, 金衍. 层状介质水力压裂模拟试验研究[C]. 中国岩石力学与工程学会第七次学术大会, 西安, 2002.

[24] Casas L, Miskimins J L, Black A, et al. Laboratory hydraulic fracturing test on a rock with artificial discontinuities[C]. SPE Annual Technical Conference and Exhibition, San Antonio, 2006.

[25] Jeffrey R G, Bunger A P. A detailed comparison of experimental and numerical data on hydraulic fracture height growth through stress contrasts[C]. SPE Hydraulic Fracturing Technology Conference, Texas, USA, 2007.

[26] 金衍, 陈勉, 周健, 等. 岩性突变体对水力裂缝延伸影响的试验研究[J]. 石油学报, 2008(2): 300-303.

[27] Li D Q, Zhang S C, Zhang S A. Experimental and numerical simulation study on fracturing through interlayer to coal seam[J]. Journal of Natural Gas Science and Engineering, 2014(21): 386-396.

[28] Xing P, Yoshioka K, Adachi J, et al. Laboratory demonstration of hydraulic fracture height growth across weak discontinuities[J]. Geophysics, 2018, 83(2): 93-105.

[29] Tan P, Jin Y, Yuan L, et al. Understanding hydraulic fracture propagation behavior in tight sandstone–coal interbedded formations: An experimental investigation[J]. Petroleum Science, 2019, 16(1): 148-160.

[30] Tan P, Jin Y, Han K, et al. Vertical propagation behavior of hydraulic fractures in coal measure strata based on true triaxial experiment[J]. Journal of Petroleum Science and Engineering, 2017(158): 398-407.

[31] Tan P, Jin Y, Han K. Analysis of hydraulic fracture initiation and vertical propagation behavior in laminated shale formation[J]. Fuel, 2017(206): 482-493.

[32] Abass H H, Hedayati S. Nonplanar fracture propagation from a horizontal wellbore: Experimental study[J]. SPE Production & Facilities, 1996, 11(3): 133-137.

[33] Olson J E. Fracturing from highly deviated and horizontal wells: Numerical analysis of non-planar fracture propagation[C]. SPE Rocky Mountain Regional/Low-permeability Reservoir Symposium, Denver, CO, 1995.

[34] Rabaa W E. Experimental study of hydraulic fracture geometry initiated from horizontal wells[C]. Annual Technical Conference and Exhibition, San Antonio, TX, 1989.

[35] 陈勉, 陈治喜, 黄荣樽. 三维弯曲水压裂缝力学模型及计算方法[J]. 石油大学学报(自然科学版), 1995(S1): 43-47.

[36] 张广清, 陈勉, 王强. 斜井井筒附近水力裂缝空间转向模型研究[J]. 石油大学学报(自然科学版), 2004(4): 51-55.

[37] 程远方, 杨柳, 吴百烈, 等. 定向井压裂裂缝三维扩展形态的可视化仿真[J]. 计算机仿真, 2012, 29(12): 325-328.

[38] 郑小锦, 陈勉, 侯冰, 等. 基于 Solidworks 的水力裂缝三维重构[J]. 科学技术与工程, 2015, 15(14): 32-38.

[39] Veeken C A M, Davies D R, Walters J V. Limited communication between hydraulic fracture and deviated wellbore[C]. SPE Joint Rocky Mountain/Low Permeability Reservoirs Symposium and Exhibition, Denver, 1989.

[40] Olson J E, Wu K. Sequential versus simultaneous multi-zone fracturing in horizontal wells[C]. Insights from a Non-planar, Multi-frac Numerical Model: SPE Hydraulic Fracturing Technology Conference, Woodlands, 2012.

[41] Rungamornrat J, Wheeler M F, Mear M E. A numerical technique for simulating nonplanar evolution of hydraulic fractures[C]. SPE Annual Technical Conference and Exhibition, Dallas, Texas, USA, 2005.

[42] Castonguay S T, Mear M E, Dean R H, et al. Predictions of the growth of multiple interacting hydraulic fractures in three dimensions[C]. SPE Annual Technical Conference and Exhibition, New Orleans, 2013.

[43] Kumar D, Ghassemi A. 3D poroelastic simulation and analysis of multiple fracture propagation and refracturing of closely-spaced horizontal wells[C]. Rock Mechanics/Geomechanics Symposium, Houston, 2016.

[44] Damjanac B, Cundall P. Application of distinct element methods to simulation of hydraulic fracturing in naturally fractured reservoirs[J]. Computers and Geotechnics, 2016 (71): 283-294.

[45] Sanbai LI D Z X L. A new approach to the modeling of hydraulic-fracturing treatments in naturally fractured reservoirs[J]. SPE Journal, 2017, 22 (4): 1064-1081.

[46] Gu H, Weng X. Criterion for fractures crossing frictional interfaces at non-orthogonal angles[C]. US Rock Mechanics Symposium, Salt Lake City, 2010.

[47] Renshaw C E, Pollard D D. Numerical simulation of fracture set formation: A fracture mechanics model consistent with experimental observations[J]. Journal of Geophysical Research: Solid Earth, 1994, 99 (B5): 9359-9372.

[48] Warpinski N R, Teufel L W. Influence of geologic discontinuities on hydraulic fracture propagation[J]. Journal of Petroleum Technology, 1987, 39 (2): 209-220.

[49] Blanton T L. An experimental study of interaction between hydraulically induced and pre-existing fractures[C]. Unconventional Gas Recovery Symposium, Pittsburgh, 1982.

[50] Cheng W, Jin Y, Chen M, et al. A criterion for identifying hydraulic fractures crossing natural fractures in 3D space[J]. Petroleum Exploration and Development, 2014, 41 (3): 371-376.

[51] Cheng W, Jin Y, Lin Q, et al. Experimental investigation about influence of pre-existing fracture on hydraulic fracture propagation under tri-axial stresses[J]. Geotechnical and Geological Engineering, 2015, 33 (3): 467-473.

[52] Dehghan A N, Goshtasbi K, Ahangari K, et al. Experimental investigation of hydraulic fracture propagation in fractured blocks[J]. Bulletin of Engineering Geology and the Environment, 2015, 74 (3): 887-895.

[53] Lamont N, Jessen F W, Aime M. The effects of existing fractures in rocks on the extension of hydraulic fractures[J]. Journal of Petroleum Technology, 1963, 15 (2): 203-209.

[54] Zhou J, Chen M, Jin Y, et al. Analysis of fracture propagation behavior and fracture geometry using a tri-axial fracturing system in naturally fractured reservoirs[J]. International Journal of Rock Mechanics and Mining Sciences, 2008, 45 (7): 1143-1152.

[55] Bahorich B, Olson J E, Holder J. Examining the effect of cemented natural fractures on hydraulic fracture propagation in hydrostone block experiments[C]. SPE Annual Technical Conference and Exhibition, San Antonio, Texas, USA, 2012.

[56] Fan T G, Zhang G Q. Laboratory investigation of hydraulic fracture networks in formations with continuous orthogonal fractures[J]. Energy, 2014 (74): 164-173.

[57] Liu Z Y, Chen M, Zhang G Q. Analysis of the influence of a natural fracture network on hydraulic fracture propagation in carbonate formations[J]. Rock Mechanics and Rock Engineering, 2014, 47(2): 575-587.

[58] Beugelsdijk L J L, de Pater C J, Sato K. Experimental hydraulic fracture propagation in a multi-fractured medium[C]. SPE Asia Pacific Conference, Yokohama, 2000.

[59] Zhou J, Jin Y, Chen M. Experimental investigation of hydraulic fracturing in random naturally fractured blocks[J]. International Journal of Rock Mechanics and Mining Sciences, 2010, 47(7): 1193-1199.

[60] Guo J, Zhao X, Zhu H, et al. Numerical simulation of interaction of hydraulic fracture and natural fracture based on the cohesive zone finite element method[J]. Journal of Natural Gas Science and Engineering, 2015(25): 180-188.

[61] Wu K, Olson J E. Mechanics analysis of interaction between hydraulic and natural fractures in shale reservoirs[C]. Unconventional Resources Technology Conference, Denver, 2014.

[62] Keshavarzi R, Mohammadi S, Bayesteh H. Hydraulic fracture propagation in unconventional reservoirs: The role of ti natural fractures[C]. US Rock Mechanics / Geomechanics Symposium, Chicago, IL, USA, 2012.

[63] Chen Z, Jeffrey R G, Zhang X, et al. Finite-element simulation of a hydraulic fracture interacting with a natural fracture[J]. SPE Journal, 2017, 22(1): 219-234.

[64] 程远方, 徐太双, 吴百烈, 等. 煤岩水力压裂裂缝形态试验研究[J]. 天然气地球科学, 2013(1): 134-137.

[65] Fan T G, Zhang G G, Cui J B. The impact of cleats on hydraulic fracture initiation and propagation in coal seams[J]. Petroleum Science, 2014, 11(4): 532-539.

[66] 范铁刚, 张广清. 注液速率及压裂液黏度对煤层水力裂缝形态的影响[J]. 中国石油大学学报(自然科学版), 2014(4): 117-123.

[67] Jiang T T, Zhang J H, Wu H. Experimental and numerical study on hydraulic fracture propagation in coalbed methane reservoir[J]. Journal of Natural Gas Science and Engineering, 2016(35): 455-467.

[68] Ai C, Li X X, Zhang J, et al. Experimental investigation of propagation mechanisms and fracture morphology for coalbed methane reservoirs[J]. Petroleum Science, 2018(150): 244-253.

[69] Wu C F, Zhang X Y, Wang M, et al. Physical simulation study on the hydraulic fracture propagation of coalbed methane well[J]. Journal of Applied Geophysics, 2018(150): 244-253.

[70] Li Y W, Rui Z H, Zhao W C, et al. Study on the mechanism of rupture and propagation of T-type fractures in coal fracturing[J]. Journal of Natural Gas Science and Engineering, 2018(52): 379-389.

[71] Liu J, Yao Y B, Liu D M. Experimental simulation of the hydraulic fracture propagation in an anthracite coal reservoir in the southern Qinshui basin, China[J]. Journal of petroleum Science and Engineering, 2018(168): 400-408.

[72] Tan P, Jin Y, Hou B, et al. Experimental investigation on fracture initiation and non-planar propagation of hydraulic fractures in coal seams[J]. Petroleum Exploration and Development, 2017, 44(3): 470-476.

[73] 刘合, 王素玲, 姜民政, 等. 基于数字散斑技术的垂直裂缝扩展试验[J]. 石油勘探与开发, 2013, 40(4): 486-491.

[74] 高杰, 侯冰, 陈勉, 等. 岩性差异及界面性质对裂缝起裂扩展的影响[J]. 岩石力学与工程学报, 2018, 37(S2): 4108-4114.

[75] 李连崇, 梁正召, 李根, 等. 水力压裂裂缝穿层及扭转扩展的三维模拟分析[J]. 岩石力学与工程学报, 2010, 29(1): 3028-3215.

[76] Settgast R R, Fu P, Walsh S D C, et al. A fully coupled method for massively parallel simulation of hydraulically driven fractures in 3-dimensions[J]. International Journal for Numerical and Analytical Methods in Geomechanics, 2017, 41 (5): 627-653.

[77] 刘志远. 超深泥夹层对水力裂缝力学行为的影响研究[D]. 北京: 中国石油大学(北京)石油工程学院, 2014.

[78] 侯冰, 陈勉, 李志猛, 等. 页岩储集层水力裂缝网络扩展规模评价方法[J]. 石油勘探与开发, 2014, 41 (6): 763-768.

[79] 侯冰, 陈勉, 程万, 等. 页岩气储层变排量压裂的造缝机制[J]. 岩土工程学报, 2014 (11): 2149-2152.

[80] 赵金洲, 任岚, 胡永全. 页岩储层压裂缝成网延伸的受控因素分析[J]. 西南石油大学学报(自然科学版), 2013 (1): 1-9.

[81] 郭印同, 杨春和, 贾长贵, 等. 页岩水力压裂物理模拟与裂缝表征方法研究[J]. 岩石力学与工程学报, 2014 (1): 52-59.

[82] Guo T T K, Zhang S C, Qu Z Q, et al. Experimental study of hydraulic fracturing for shale by stimulated reservoir volume[J]. Fuel, 2014 (128): 373-380.

[83] 衡帅, 杨春和, 郭印同, 等. 层理对页岩水力裂缝扩展的影响研究[J]. 岩石力学与工程学报, 2015 (2): 228-237.

[84] Li N, Zhang S C, Zou Y S. Experimental analysis of hydraulic fracture growth and acoustic emission response in a layered formation[J]. Rock Mechanics and Rock Engineering, 2018, 51 (4): 1047-1062.

[85] Li N, Zhang S C, Zou Y S. Acoustic emission response of laboratory hydraulic fracturing in layered shale[J]. Rock Mechanics and Rock Engineering, 2018, 5 (11): 3395-3406.

[86] 马新仿, 李宁, 尹丛彬, 等. 页岩水力裂缝扩展形态与声发射解释: 以四川盆地志留系龙马溪组页岩为例[J]. 石油勘探与开发, 2017 (6): 1-8.

[87] 刘星, 金衍, 林伯韬, 等. 利用微地震事件重构三维缝网[J]. 石油地球物理勘探, 2019, 54 (1): 102-111.

[88] 孟尚志, 侯冰, 张健, 等. 煤系三气共采产层组压裂裂缝扩展物模试验研究[J]. 煤炭学报, 2016, 41 (1): 221-227.

[89] 高杰, 侯冰, 谭鹏, 等. 砂煤互层水力裂缝穿层扩展机理[J]. 煤炭学报, 2018, 42 (2): 428-433.

[90] Liu S X, Valko P P. An improved Equilibrium-Height Model for Predicting Hydraulic Fracture Height Migration in Multi-Layer Formation[C]. SPE Hydraulic Fractuting Technology Coference, Texas, 2015.

[91] de Pater C J, Beugelsdijk L J L. Experiments and numerical simulation of hydraulic fracturing in naturally fractured rock[C]. The 40th U.S. Symposium on Rock Mechanics (USRMS), Anchorage, 2005.

[92] Afsar F. Fracture propagation and reservoir permeability in limestone-marl alternations of the Jurassic Blue Lias Formation (Bristol Channel Basin, UK)—a multidisciplinary approach[D]. Göttingen: University of Göttingen, 2015.

[93] Mutalik P N, Gibson B. Case history of sequential and simultaneous fracturing of the Barnett shale in Parker County [C]. The SPE Annual Technical Conference and Exhibition, Denver, 2008.

[94] Liu S Z, Ren S Q, Zhao J Z, et al. The fracturing technique to limit hydraulic fracture height growth put into effect successfully in Xinjiang oil field[C]. The SPE India Oil and Gas Conference and Exhibition, New Delhi, 1998.

[95] Rabaa El W. Hydraulic fracture propagation in the presence of stress variation[C]. The SPE Annual Technical Conference and Exhibition, Dallas, 1987.

[96] Jeffrey R G, Bunger A P, Lecampion B, et al. Measuring hydraulic fracture growth in naturally fractured rock[C]. SPE Annual Technical Conference and Exhibition? New Orleans, 2009.